"十四五"高等职业教育计算机类专业系列教材

数据结构
（Python语言描述）

许春艳　张永华◎主　编
郭明珠　张　卓◎副主编

中国铁道出版社有限公司
CHINA RAILWAY PUBLISHING HOUSE CO., LTD.

内容简介

本书是"十四五"高等职业教育计算机类专业系列教材之一，采用 Python 语言实现常用数据结构，分为 4 个项目，11 个实践性任务。本书主要内容包括数据结构与算法基础探究、Python 数据结构探究、常用数据结构探究、常用算法探究。本书以"双主互辅　多元融合"重构教学目标解决课程思政融入难的问题；以"向上兼容"的原则整合教学内容解决一刀切的问题；以"实践性任务"驱动教学活动解决教学无抓手的问题。

本书适合作为高职高专院校计算机及相关专业教材，也可作为软件开发人员的参考书。

图书在版编目（CIP）数据

数据结构：Python 语言描述/许春艳，张永华主编. —北京：中国铁道出版社有限公司，2023.9

"十四五"高等职业教育计算机类专业系列教材

ISBN 978-7-113-30285-6

Ⅰ.①数… Ⅱ.①许… ②张… Ⅲ.①数据结构-高等职业教育-教材 ②软件工具-程序设计-高等职业教育-教材 Ⅳ.①TP311.12 ②TP311.561

中国国家版本馆 CIP 数据核字（2023）第 100909 号

书　　名：	**数据结构（Python 语言描述）**
作　　者：	许春艳　张永华
策　　划：	汪　敏
责任编辑：	汪　敏　李学敏　　　编辑部电话：（010）51873628
封面设计：	尚明龙
封面制作：	刘　颖
责任校对：	刘　畅
责任印制：	樊启鹏

出版发行：中国铁道出版社有限公司（100054，北京市西城区右安门西街 8 号）
网　　址：http://www.tdpress.com/51eds/
印　　刷：天津嘉恒印务有限公司
版　　次：2023 年 9 月第 1 版　　2023 年 9 月第 1 次印刷
开　　本：787 mm×1 092 mm　1/16　印张：14　字数：322 千
书　　号：ISBN 978-7-113-30285-6
定　　价：39.80 元

版权所有　侵权必究

凡购买铁道版的图书，如有印制质量问题，请与本社教材图书营销部联系调换。电话（010）63550836

打击盗版举报电话：（010）63549461

前言

数据结构是计算机及相关专业的一门必修核心课程,也是一门理论性极强的课程。现在大数据和人工智能等领域大多使用 Python 作为开发语言,越来越多的院校采用 Python 语言作为计算机程序设计语言。

本书采用 Python 语言实现常用数据结构,相对于传统的 C 语言更简洁、更容易学习。学生可以更多关注数据结构本身,而不是程序设计。学生只需具有 C 语言、Java 语言、Python 语言等任何编程语言基础之一,即可学习本书。通过学习本书内容,学生既能加深对数据结构基本概念的理解和认知,又能提高对各种数据结构进行运算分析与设计的能力。

本书特色如下:

1. 以"双主互辅 多元融合"重构教学目标解决课程思政融入难的问题

教育部印发的《高校思想政治工作质量提升工程实施纲要》提出,"大力推动以课程思政为目标的课堂教学改革""实现思想政治教育与知识体系教育的有机统一"。在"三全育人"视域下思考和审视目前高职院校课程思政建设情况,必须从教学目标改革入手,才能深入推进课程思政建设,着力提升育人成效。

"双主互辅 多元融合"以实用核心技术与思想政治教育为两个主要教学目标,同时又互为辅助,并融入自主学习能力、逻辑思维、沟通、协作、创新能力等教学目标。通过"党的二十大报告摘读"内容,学生可以学习领悟习近平在中国共产党第二十次全国代表大会上关于科技工作的重要论述;通过"走近科技领军人物"模块,学生可以了解到我国近代、当代计算机领域杰出的科学家。由此培养学生讲科学、爱科学、学科学、用科学的精神。

2. 以"向上兼容"的原则整合教学内容解决一刀切的问题

传统教材教学内容较为固定,高职高专普遍适用的教材中删减了难度偏高的知识,但是对于学有余力的学生来说,存在"吃不饱"的情况。部分学生很快完成了学习任务,却没有内容补充。因此,本书充分利用新媒体时代的优势,将部分难度较高的知识,以二维码的形式嵌入教材中,供学有余力的学生自主学习,向上兼容本科的内容。

3. 以"实践性任务"驱动教学活动解决教学无抓手问题

教材结构设计中以具体"实践性任务"为切入点,通过"任务描述""知识学习""任务实现"过程,让学生带着任务进入理论知识的学习当中,将知识与技能点以及"双主互辅 多元融合"目标融入任务中。本书共 11 个实践性任务,教师可以通过这 11 个实践性任务驱动教学开展,解决教学无抓手问题。

4. 以线上线下相融合的教学需求构建"立体化教学资源"解决教学资源匮乏问题

为了方便学生学习,本书以立体化的形式展现教学内容,融教材、课件、微课等教学资源于一体。本书收录了 60 余个视频资源，读者可以通过扫描二维码获得相应资源。同时，课程提供慕课学习平台，供教师教学与学生学习使用。慕课资源以微课视频为引领，配合习题、考试和实践练习等，方便师生进行学习反馈。

  本书取材新颖、内容丰富、结构清晰，内容深入浅出，而且配以相应视频教学，有大量详实的应用实例参考，便于教学和自学。本书结合教学过程、教学内容，参考了大量国内外已经出版的教材，吸收了它们的优点和精华。同时，在编写过程中得到了用友新道科技股份有限公司、启明信息技术股份有限公司智慧协同产品线工程师卢玉成的技术支持，在此向所有参与者与企业表示感谢。本书是教育部职业院校信息化教学指导委员会 2022 年度职业院校数字化转型行动研究课题（KT22353）、全国高等院校计算机基础教育研究会计算机基础教育教学研究项目 2022 年立项项目（2022 – AFCEC – 603）的部分研究成果。。

  本书由许春艳、张永华任主编，郭明珠、张卓任副主编。本书具体编写分工如下：项目一、项目二、项目四由许春艳编写，项目三由郭明珠、张卓、许春艳、张永华编写。许春艳、郭明珠、张卓共同进行了微课视频、PPT 等配套资源的开发与制作，许春艳对教材全稿进行了统稿。

  由于编者学识水平和能力有限，尽管做了很大努力，书中疏漏及不妥之处在所难免，敬请广大读者不吝批评指正。

编 者
2023 年 4 月

目 录

项目一 数据结构与算法基础探究 ········ 1
  任务1.1 图说数据结构 ·············· 1
    任务描述 ···························· 1
    学习目标 ···························· 1
    — 知识学习 —
      1.1.1 数据结构 ················· 2
      1.1.2 数据结构的研究对象 ······ 2
      1.1.3 常用的八种数据结构 ······ 3
    任务实现 ···························· 4
    习题 ································ 5
  任务1.2 设计"猴子分桃"算法 ······· 5
    任务描述 ···························· 5
    学习目标 ···························· 5
    — 知识学习 —
      1.2.1 算法 ····················· 6
      1.2.2 算法的五大特性 ··········· 6
      1.2.3 评定算法优劣的标准 ······ 7
      1.2.4 算法的表示方法 ·········· 10
      1.2.5 算法表示实例 ············ 12
      1.2.6 人工智能与大数据中的典型算法 ··· 13
    任务实现 ··························· 15
    习题 ······························· 16

项目二 Python 数据结构探究 ········· 18
  任务2.1 用 Python 语言编写"购买
            打折票"小程序 ············ 18
    任务描述 ··························· 18
    学习目标 ··························· 18
    — 知识学习 —
      2.1.1 Python 程序安装 ········· 19
      2.1.2 编写 Python 程序 ········· 21
      2.1.3 Python 语言基础 ········· 23

    任务实现 ··························· 25
    习题 ······························· 25
  任务2.2 用 Python 数据结构技术实现
            "统计单词频率" ············ 25
    任务描述 ··························· 25
    学习目标 ··························· 26
    — 知识学习 —
      2.2.1 字典 ···················· 26
      2.2.2 列表 ···················· 29
      2.2.3 元组 ···················· 30
      2.2.4 集合 ···················· 32
    任务实现 ··························· 33
    习题 ······························· 34

项目三 常用数据结构探究 ············ 35
  任务3.1 用线性表技术实现"运动员
            得分排序" ················ 35
    任务描述 ··························· 35
    学习目标 ··························· 36
    — 知识学习 —
      3.1.1 线性表 ·················· 36
      3.1.2 顺序表的基本操作及实现 ··· 37
      3.1.3 链表的基本操作及实现 ···· 41
    任务实现 ··························· 59
    习题 ······························· 62
  任务3.2 用栈和队列技术实现"括号
            找搭档" ·················· 62
    任务描述 ··························· 62
    学习目标 ··························· 63
    — 知识学习 —
      3.2.1 栈的基本操作及实现 ······ 63
      3.2.2 队列的基本操作及实现 ···· 72

| 任务实现 …………………………………… 80
| 习题 …………………………………………… 82
| **任务 3.3　用串技术实现"数据加密"** … 83
| 任务描述 …………………………………… 83
| 学习目标 …………………………………… 83
| 知识学习
| 　　3.3.1　串的基本操作及实现 ………… 84
| 　　3.3.2　稀疏矩阵的存储 ……………… 96
| 任务实现 …………………………………… 97
| 习题 …………………………………………… 98
| **任务 3.4　用二叉树技术实现"比赛分组"** …………………………………… 99
| 任务描述 …………………………………… 99
| 学习目标 …………………………………… 99
| 知识学习
| 　　3.4.1　树与二叉树 …………………… 99
| 　　3.4.2　二叉树的存储结构 …………… 109
| 　　3.4.3　二叉树的遍历 ………………… 113
| 　　3.4.4　树、森林与二叉树的转换 …… 118
| 　　3.4.5　常用二叉树 …………………… 121
| 任务实现 …………………………………… 130
| 习题 …………………………………………… 132
| **任务 3.5　用图技术实现"设计游玩路线"** …………………………………… 133
| 任务描述 …………………………………… 133
| 学习目标 …………………………………… 133
| 知识学习
| 　　3.5.1　图 ……………………………… 134
| 　　3.5.2　图的存储结构 ………………… 138
| 　　3.5.3　图的遍历 ……………………… 146
| 　　3.5.4　图的应用 ……………………… 153

任务实现 …………………………………… 163
习题 …………………………………………… 167

项目四　常用算法探究 …………………… 169

任务 4.1　用查找算法确定"最小供暖半径" ………………………… 169
任务描述 …………………………………… 169
学习目标 …………………………………… 170
知识学习
　　4.1.1　查找 ……………………………… 171
　　4.1.2　顺序查找法 ……………………… 172
　　4.1.3　二分查找法 ……………………… 174
　　4.1.4　分块查找法 ……………………… 177
　　4.1.5　二叉排序树法 …………………… 180
　　4.1.6　哈希表查找 ……………………… 190
任务实现 …………………………………… 199
习题 …………………………………………… 200

任务 4.2　用排序算法实现"整理扑克牌" ……………………………… 200
任务描述 …………………………………… 200
学习目标 …………………………………… 200
知识学习
　　4.2.1　排序 ……………………………… 201
　　4.2.2　插入排序 ………………………… 203
　　4.2.3　选择排序 ………………………… 204
　　4.2.4　冒泡法排序 ……………………… 206
　　4.2.5　快速排序 ………………………… 207
　　4.2.6　归并排序 ………………………… 209
任务实现 …………………………………… 211
习题 …………………………………………… 212

参考答案 ………………………………… 214
参考文献 ………………………………… 217

项目一
数据结构与算法基础探究

党的二十大报告摘读：

"当前，世界百年未有之大变局加速演进，新一轮科技革命和产业变革深入发展，国际力量对比深刻调整，我国发展面临新的战略机遇。"

——习近平在中国共产党第二十次全国代表大会上的报告

走近科技领军人物：

夏培肃（1923—2014），著名计算机专家和教育家、我国计算机研究的先驱和我国计算机事业的重要奠基人之一、中国科大首任计算机系主任。曾参加我国第一个计算技术研究所的筹建，研制成功我国第一台自行设计的通用电子数字计算机，负责研制成功多台不同类型的高性能计算机，为我国计算技术的起步和发展作出了重要贡献。

任务 1.1 图说数据结构

任务描述

阅读本节内容，将关键知识概括成关键词，再用关键词汇制思维导图，然后将数据结构所涵盖的基本内容做清晰表述。

学习目标

知识目标	掌握数据结构的定义； 了解数据结构的研究对象； 了解常用的八种数据结构
能力目标	能够清晰阐述数据结构的定义； 能够清晰阐述数据结构的研究对象； 能够清晰阐述常用的八种数据结构； 能够运用思维导图展示数据结构的基本内容

	续表
素质目标	提升任务文档的阅读能力； 提高分析问题、解决问题的能力； 培养精益求精的工匠精神； 提高逻辑思维能力

知识学习

● 视 频

数据结构
请开门

● 视 频

探秘数据
结构

数据结构就像是一个工具箱，这些工具箱把同类的信息"装"到了一起，同时还提供操作这些信息的各种便捷方法。我们可能会面对员工工资管理、股票价格管理、购物清单管理等不同的应用场景。根据不同的应用场景，数据需要按照不同的方式存储。有多种可以将数据按照不同方式保存的数据结构。

1.1.1 数据结构

数据结构（data structure）是计算机存储、组织数据的方式。数据结构是指相互之间存在一种或多种特定关系的数据元素的集合。数据结构往往同高效的检索算法和索引技术有关。通常情况下，精心选择的数据结构可以带来更高的运行或者存储效率。数据结构是带有结构特性的数据元素的集合，它研究的是数据的逻辑结构和数据的物理结构以及它们之间的相互关系，并对这种结构定义相适应的运算，设计出相应的算法，并确保经过这些运算以后所得到的新结构仍保持原来的结构类型。简而言之，数据结构是相互之间存在一种或多种特定关系的数据元素的集合，即带"结构"的数据元素的集合。"结构"就是指数据元素之间存在的关系，分为逻辑结构和存储结构。

数据的逻辑结构和物理结构是数据结构的两个密切相关的方面，同一逻辑结构可以对应不同的存储结构。算法的设计取决于数据的逻辑结构，而算法的实现依赖于指定的存储结构。

数据结构的研究内容是构造复杂软件系统的基础，它的核心技术是分解与抽象。通过分解可以划分出数据的三个层次；再通过抽象，舍弃数据元素的具体内容，就得到逻辑结构。类似地，通过分解将处理要求划分成各种功能，再通过抽象舍弃实现细节，就得到运算的定义。上述两个方面的结合可以将问题变换为数据结构。这是一个从具体（即具体问题）到抽象（即数据结构）的过程。然后，通过增加对实现细节的考虑进一步得到存储结构和实现运算，从而完成设计任务。这是一个从抽象（即数据结构）到具体（即具体实现）的过程。

1.1.2 数据结构的研究对象

1. 数据逻辑结构

数据逻辑结构指反映数据元素之间的逻辑关系的数据结构，其中的逻辑关系是指数据元素之间的前后关系，而与它们在计算机中的存储位置无关。逻辑结构包括如下内容：

（1）集合

数据结构中的元素之间除了"同属一个集合"的相互关系外，别无其他关系。

（2）线性结构

数据结构中的元素存在一对一的相互关系。

（3）树形结构

数据结构中的元素存在一对多的相互关系。

（4）图形结构

数据结构中的元素存在多对多的相互关系。

2. 数据物理结构

数据的物理结构是数据结构在计算机中的表示（又称映像），它包括数据元素的机内表示和关系的机内表示。由于具体实现的方法有顺序、链式、索引、散列等多种，所以，一种数据结构可表示成一种或多种存储结构。

数据元素的机内表示（映像方法）：用二进制位（bit）的位串表示数据元素。通常称这种位串为结点（node）。当数据元素有若干个数据项组成时，位串中与各个数据项对应的子位串称为数据域（data field）。因此，结点是数据元素的机内表示（或机内映像）。

关系的机内表示（映像方法）：数据元素之间的关系的机内表示可以分为顺序映像和非顺序映像，常用两种存储结构：顺序存储结构和链式存储结构。顺序映像借助元素在存储器中的相对位置来表示数据元素之间的逻辑关系。非顺序映像借助指示元素存储位置的指针（pointer）来表示数据元素之间的逻辑关系。

3. 数据存储结构

数据的逻辑结构在计算机存储空间中的存放形式称为数据的物理结构（也称为存储结构）。一般来说，一种数据结构的逻辑结构根据需要可以表示成多种存储结构，常用的存储结构有顺序存储、链式存储、索引存储和哈希存储等。

数据的顺序存储结构的特点是：借助元素在存储器中的相对位置来表示数据元素之间的逻辑关系；非顺序存储的特点是：借助指示元素存储地址的指针表示数据元素之间的逻辑关系。

1.1.3　常用的八种数据结构

在计算机科学的发展过程中，数据结构也随之发展。程序设计中常用的数据结构包括如下几种：

视　频

数据结构的研究对象

（1）数组

数组（array）是一种聚合数据类型，它是将具有相同类型的若干变量有序地组织在一起的集合。数组可以说是最基本的数据结构，在各种编程语言中都有对应。一个数组可以分解为多个数组元素，按照数据元素的类型，数组可以分为整型数组、字符型数组、浮点型数组、指针数组和结构数组等。数组还可以有一维、二维以及多维等表现形式。

（2）栈

栈（stack）是一种特殊的线性表，它只能在一个表的一个固定端进行数据结点的插入和删除操作。栈按照先进后出或后进先出的原则来存储数据，也就是说，先插入的数据将被压入栈底，最后插入的数据在栈顶，读出数据时，从栈顶开始逐个读出。栈在汇编语言程序中，经常用于重要数据的现场保护。栈中没有数据时，称为空栈。

（3）队列

队列（queue）和栈类似，也是一种特殊的线性表。和栈不同的是，队列只允许在表的一端进行插入操作，而在另一端进行删除操作。一般来说，进行插入操作的一端称为队尾，进行删除操作的一端称为队头。队列中没有元素时，称为空队列。

（4）链表

链表（linked list）是一种数据元素按照链式存储结构进行存储的数据结构，这种存储结构具有在物理上存在非连续的特点。链表由一系列数据结点构成，每个数据结点包括数据域和指针域两部分。其中，指针域保存了数据结构中下一个元素存放的地址。链表结构中数据元素的逻辑顺序是通过链表中的指针链接次序来实现的。

（5）树

树（tree）是典型的非线性结构，它是包括两个结点的有穷集合 K。在树结构中，有且仅有一个根结点，该结点没有前驱结点。在树结构中的其他结点都有且仅有一个前驱结点，而且可以有两个后继结点，即 m≥0。

（6）图

图（graph）是另一种非线性数据结构。在图结构中，数据结点一般称为顶点，而边是顶点的有序偶对。如果两个顶点之间存在一条边，那么就表示这两个顶点具有相邻关系。

（7）堆

堆（heap）是一种特殊的树形数据结构，一般讨论的堆都是二叉堆。堆的特点是根结点的值是所有结点中最小的或者最大的，并且根结点的两个子树也是一个堆结构。

（8）哈希表

哈希表（hash table）源自哈希函数（hash function），其思想是如果在结构中存在关键字和 T 相等的记录，那么必定在 F（T）的存储位置可以找到该记录，这样就可以不用进行比较操作而直接取得所查记录。

任务实现

● 视　频

图说数据结构

1. 基础准备

要想完成"数据结构"主题的思维导图绘制，首先要将数据结构知识点进行分类、汇总，并准备绘制思维导图的工具，如 XMind 等。

2. 绘制思维导图

图 1-1 是使用 XMind 软件汇制的数据结构的思维导图。

3. 描述思维导图

数据结构的定义是计算机存储、组织数据的方式，其研究对象包括：数据逻辑结构、数据物理结构、数据存储结构。常用的八种数据结构是：数组、栈、队列、链表、树、图、堆、哈希表。

项目一 数据结构与算法基础探究

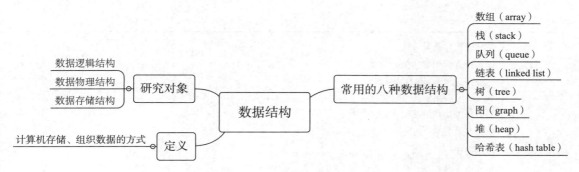

图 1-1 数据结构思维导图

习题

1. （　　）是计算机存储、组织数据的方式。
   A. 数据结构　　　B. 集合　　　C. 图　　　D. 表
2. 以下（　　）不是数据结构的研究对象。
   A. 数据逻辑结构　B. 数据物理结构　C. 数据存储结构　D. 数据分组结构
3. （　　）是一种聚合数据类型，它是将具有相同类型的若干变量有序地组织在一起的集合。
   A. 图　　　B. 数组　　　C. 树　　　D. 队列
4. 栈中没有数据时，称为（　　）。
   A. 纯净栈　　　B. 队列　　　C. 空栈　　　D. 堆
5. 堆是一种特殊的（　　）数据结构。
   A. 栈　　　B. 树形　　　C. 队列　　　D. 图形

任务1.2　设计"猴子分桃"算法

任务描述

海滩上有一堆桃子，五只猴子来分桃。第一只猴子把这堆桃子平均分为五份，多了一个，这只猴子把多的一个扔入海中，拿走了一份；第二只猴子把剩下的桃子又平均分成五份，又多了一个，它同样把多的一个扔入海中，拿走了一份。第三、第四、第五只猴子都是这样做的，问海滩上原来最少有多少个桃子？请您分析该问题，设计算法，并用代码实现。

学习目标

知识目标	理解什么是算法； 理解算法的五大特性； 掌握评定算法优劣的标准； 掌握常用算法的表示

能力目标	能够表述什么是算法； 能够计算常用算法的时间复杂度； 能够用 N-S 流程图表示算法
素质目标	提升任务文档的阅读能力； 提高分析问题、解决问题的能力； 提高逻辑分析能力； 提高个人条理性

知识学习

数据结构是计算机中的重中之重，数据结构一般和算法结合比较紧密，因此在研究数据结构时，也会进行算法研究。

1.2.1 算法

视频
探秘算法

算法简单的理解就是解决某问题的一系列清晰的指令。

算法（algorithm）是指解题方案的准确而完整的描述，是一系列解决问题的清晰指令，算法代表着用系统的方法描述解决问题的策略机制。也就是说，能够对一定规范的输入，在有限时间内获得所要求的输出。如果一个算法有缺陷，或不适合于某个问题，执行这个算法将不会解决这个问题。不同的算法可能用不同的时间、空间或效率来完成同样的任务。一个算法的优劣可以用空间复杂度与时间复杂度来衡量。简单来说，算法就是解决一个问题的具体方法和步骤。算法是程序的灵魂。

程序 = 算法 + 数据结构

1.2.2 算法的五大特性

一个算法应该具有以下五个重要的特性：

（1）有穷性（finiteness）

算法的有穷性是指算法必须能在执行有限个步骤之后终止。如果一个算法不符合有穷性，它将会永远无休止，无穷的运算下去，造成算力的浪费。

（2）确切性（definiteness）

算法的每一步骤必须有确切的定义。

（3）输入项（input）

一个算法有 0 个或多个输入，以刻画运算对象的初始情况，所谓 0 个输入是指算法本身给出了初始条件。

（4）输出项（output）

一个算法有一个或多个输出，以反映对输入数据加工后的结果。没有输出的算法是毫无意义的。

（5）可行性（effectiveness）

算法中执行的任何计算步骤都是可以被分解为基本的可执行的操作步骤，即每个计算步骤都可以在有限时间内完成（也称之为有效性）。

1.2.3 评定算法优劣的标准

同一问题可用不同算法解决，而一个算法的质量优劣将影响算法乃至程序的正确性和效率。

1. 正确性

算法的正确性是评价一个算法优劣的最重要的标准。

2. 可读性

算法的可读性是指一个算法可供人们阅读的容易程度。

3. 鲁棒性

鲁棒性是指一个算法对不合理数据输入的反应能力和处理能力，也称为容错性。

4. 空间复杂度

算法的空间复杂度是指算法需要消耗的内存空间。其计算和表示方法与时间复杂度类似，一般都用复杂度的渐近性来表示。同时间复杂度相比，空间复杂度的分析要简单得多。

算法分析的目的在于选择合适的算法和改进算法。一个算法的评价主要从时间复杂度和空间复杂度来考虑。

5. 时间复杂度

（1）时间复杂度的概念

算法的时间复杂度是指执行算法所需要的计算工作量。一般来说，计算机算法的计算工作量是问题规模 n 的函数 $f(n)$，算法的时间复杂度也因此记做：$T(n) = O(f(n))$。问题的规模 n 越大，算法执行的时间的增长率与 $f(n)$ 的增长率正相关，称作渐进时间复杂度。

空间复杂度一般不作考虑，一般都优先考虑时间复杂度。

（2）时间复杂度的类型

常见时间复杂度见表 1-1。

表 1-1　常见时间复杂度

复杂度	标记符号	说　　明
常量	$O(1)$	操作数量为常数，与输入数据的规模无关
对数	$O(\log n)$	与输入数据的比例是 $\log n$
线性	$O(n)$	与输入数据成正比
平方	$O(n^2)$	与输入数据规模的比例为平方
立方	$O(n^3)$	与输入数据规模的比例为立方
指数	$O(2^n)$ $O(k^n)$ $O(n!)$	快速增长，尽量减少这种代码

常见时间复杂度对比如图 1-2 所示。

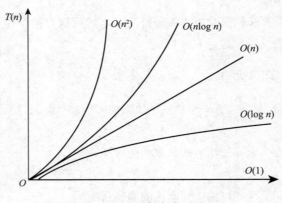

图 1-2 时间复杂度对比

(3) 时间复杂度分析案例

① 常量阶。

案例：

```
# 常数阶
n = 10
num = 1           #只执行一次
num = num + n     #只执行一次
print(num)        #只执行一次
```

分析：$f(n)$ 是指算法中所有语句的执行次数，这里 $f(n) = 4$，时间复杂度为 $O(f(n))$，所以应该为 $O(4)$，可是为什么用 $O(1)$ 表示呢？这里是用常数 1 等价替代不受数据规模影响的基本操作。

② 对数阶 $O(\log_2 n)$。

案例：

```
# 对数阶
n = 10
i = 1
while i <= n:
        i = i * 2
print(i)
```

上述案例中 while 执行多少次查询可以归纳为公式：$2^0 2^1 2^2 2^3 \cdots 2^k \cdots 2^x = n$。

所以求出 x 的值，就知道执行多少次了，也就是 2 的 x 次幂等于 n，$x = \log_2 n$ 就是时间复杂度。显然就是 $O(\log_2 n)$。而所有对数的时间复杂度都表示为 $O(\log n)$，因为 $\log_2 n = \log_3 n / \log_3 2 = \log_2 3 \times \log_3 n$，根据忽略原则中的"与最高次项相乘的常数可以忽略"，则可以表示为 $\log_2 n = \log_3 n$，而当 n 为无穷大的时候，底数是 2 或者 3 都没有什么意义，所以统一表示为 $\log n$。

根据乘法法则，如果一段代码的时间复杂度为 $O(\log n)$，循环执行 n 遍，时间复杂度就是 $O(n \log n)$，即线性对数阶。$O(n \log n)$ 也是非常常见的时间复杂度，如归并排序、快速排序。

案例：

```
# 对数阶
n = 8
count = 0
while n > 1:
    n = n//2
    count += 1
print('程序共被执行了:',count,'次')
```

分析：程序一共被执行了 3 次，也是 $x = \log_2 n$，即时间复杂度为 $O(\log n)$。

③ 线性对数阶 $O(n\log n)$。

案例：

```
# 线性对数阶
n = 10
for j in range(n):
    i = 1
    while i <= n:
        i *= 2
```

分析：程序一共被执行了 40 次，时间复杂度为 $O(n\log n)$ 即线性对数阶 $O(n\log n)$。

④ 线性阶 $O(n)$。

案例：

```
sum = 0                  # 只执行一次
n = 10
count = 0
for i in range(0, n):    # 执行 n 次
    count = count + 1    # 执行 n 次
```

分析：上面代码执行的总次数为：$f(n) = 1 + n + n$；所以时间复杂度为 $T(n) = O(2n+1)$。当 n 趋近于无穷大时，$T(n) = O(n)$。

⑤ 平方阶 $O(n^2)$。

案例：

```
# 平方阶举例
n = 5
sum = 0                          # 执行一次
for i in range(0, n):            # 执行 n 次
    b = 2 * i                    # 执行 n 次
    for j in range(0, n):        # 执行 n*n 次
        sum += i + j             # 执行 n*n 次
```

分析：上面代码执行的总次数 $f(n) = 1 + n + n + n \times n + n \times n = 2n^2 + 2n + 1$。因此可以推出时间复杂度 $T(n) = O(2n^2 + 2n + 1)$。当 n 趋近于无穷大时，$T(n)$ 的增长主要与 n^2 有关系，所

以通常也将上述代码的时间复杂度写为 $T(n) = O(n^2)$。

⑥ 立方阶 $O(n^3)$。

案例：

```
n = 5
count = 0
for i in range(n):
    for j in range(n):
        for k in range(n):
            count += 1
print('程序共被执行了:',count,'次')
```

分析：程序执行了 125 次，即 5^3。

视频

算法的表示

1.2.4 算法的表示方法

1. 用自然语言表示算法

用自然语言表示算法的优点是简单、便于阅读；缺点是文字冗长，容易出现歧义。

【例 1-1】用自然语言描述计算并输出 $z = x \div y$ 的流程。

① 输入变量 x，y；

② 判断 y 是否为 0；

③ 如果 $y = 0$，则输出出错提示信息；

④ 否则计算 $z = x/y$；

⑤ 输出 z。

2. 用伪代码表示算法

伪代码是一种算法描述语言。伪代码没有标准，用类似自然语言的形式表达；伪代码必须结构清晰、代码简单、可读性好。

【例 1-2】用伪代码描述：从键盘输入三个数，输出其中最大的数，如图 1-3 所示，伪代码如下：

```
/* 算法伪代码开始 */
/* 输入变量 A、B、C */
/* 条件判断,如果 A 大于 B,则赋值 Max = A */
/* 否则将 B 赋值给 Max */
/* 如果 C 大于 Max,则赋值 Max = C */
/* 输出最大数 Max */
/* 算法伪代码结束 */
```

3. 用流程图表示算法

流程图由特定意义的图形构成，它能表示程序的运行过程。流程图基本要素如下：

① 圆边框表示算法开始或结束；

② 矩形框表示处理功能；

③ 平行四边形框表示数据的输入或输出；

④ 菱形框表示条件判断；
⑤ 圆圈表示连接点；
⑥ 箭头线表示算法流程；
⑦ Y（是）表示条件成立；
⑧ N（否）表示条件不成立。
流程图表示方法如图 1-3 所示。

【例 1-3】用流程图表示：输入 x、y，计算 $z = x \div y$，输出 z，如图 1-4 所示。

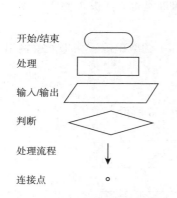

图 1-3　流程图表示算法基本要素

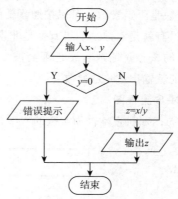

图 1-4　用流程图表示算法案例

4. 用 N-S 图表示算法

（1）N-S 图表示的基本要素

① N-S 流程图没有流程线，算法写在一个矩形框内；
② 每个处理步骤用一个矩形框表示；
③ 处理步骤是语句序列；
④ 矩形框中可以嵌套另一个矩形框；
⑤ N-S 图限制了语句的随意转移，保证了程序的良好结构。

（2）N-S 图表示各种结构的方法

① 顺序结构，如图 1-5 所示。
② 选择结构，如图 1-6 所示。
③ 循环结构，如图 1-7 所示。

图 1-5　N-S 图表示顺序结构

图 1-6　N-S 图表示选择结构　　　　图 1-7　N-S 图表示循环结构

除上述几种,还有 PAD 图表示算法等。

1.2.5 算法表示实例

【例 1-4】 素数就是质数,通俗点说就是只能被 1 和其本身整除的数就是素数(1 除外)。2、3、4、5、6 当中,根据上面的定义,2、3、5 都是素数。请编写程序,当用户输入一个数值时判断其是否是素数并输出。

1. 基础思路

判断一个数是否是素数,可以按照素数的定义,判断是否有能被 m 整除的数(除了 1 和它本身),如果没有就是素数,如果有就是非素数。

设计算法的核心就是判断 n 是否会被 2 开始到 $n-1$ 的数整除,如果能就输出"n 不是素数",如果不能就输出"n 是素数"。

2. 绘制 N-S 流程图

输入整数 n,判断它是否为素数的 N-S 流程图如图 1-8 所示。

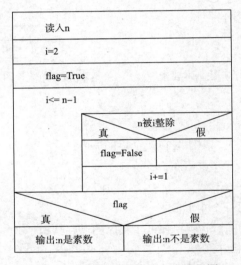

图 1-8 判断是否素数的 N-S 流程图

3. 代码实现

```
n = int(input("请输入一个数"))
i = 2
flag = True
while i <= n - 1:
    if n % i == 0:
        flag = False
    i += 1
if flag:
    print("% d是素数"% n)
else:
    print("% d不是素数"% n)
```

运行结果：

```
请输入一个数:13
13是素数
```

当然这并不是最高效的办法，事实上我们不需要将 n 与从 2 到 n-1 的所有数做除法。只需要将 n 与 2 开始到 $sqrt(n)$ 其间所有数做除法就可以，你能分析原因吗？你能画出这种算法的 N-S 流程图吗？

1.2.6 人工智能与大数据中的典型算法

人工智能与大数据技术是当前软件领域的主要应用，涉及很多典型算法，如决策树算法、朴素贝叶斯算法、支持向量机（support vector machine，SVM）算法、人工神经网络算法、Boosting 与 Bagging 算法、关联规则算法、期望最大化（expectation maximization，EM）算法等。

视 频

人工智能与大数据中的典型算法

1. 决策树算法

决策树算法及其变种是一类将输入空间分成不同的区域，且每个区域中有独立参数的算法。决策树算法充分利用了树模型，从根结点到一个叶子结点是一条分类的路径规则，每个叶子结点象征一个判断类别。该算法先将样本分成不同的子集，再进行分割递推，直至每个子集得到同类型的样本。该算法从根结点开始测试，先到子树，再到叶子结点，即可得出预测类别。该算法的特点是结构简单、处理数据效率较高。例如，判断西瓜好坏的决策树示意图如图 1-9 所示。

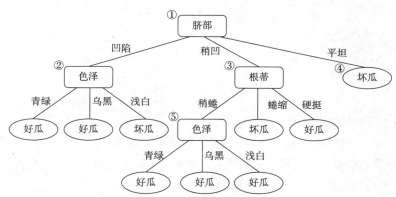

图 1-9 判断西瓜好坏的决策树示意图

2. 朴素贝叶斯算法

朴素贝叶斯算法是一种分类算法。它不是单一的算法，而是一系列算法，它们都有一个共同的原则，即被分类的每个特征都与任何其他特征的值无关。朴素贝叶斯分类算法认为这些特征中的每个特征都独立地贡献概率，而不管特征之间的任何相关性。然而，特征并不总是独立的，这通常被视为朴素贝叶斯算法的缺点。简而言之，朴素贝叶斯算法允许我们使用概率给出一组特征来预测一个类。与其他常见的分类方法相比，朴素贝叶斯算法需要的训练数据很少。其在进行预测之前必须完成的唯一工作是找到特征个体概率分布的参数，这通常可以快速且确定地完成。这意味着即使对于高维数据点或大量数据点，朴素贝叶斯分类算法也可以表现良好。

3. 支持向量机算法

支持向量机算法的基本思想可概括如下：首先，利用一种变换将空间高维化（当然这种变换是非线性的）；然后，在新的复杂高维空间取最优线性分类表面。由此种方式获得的分类函数在形式上类似于人工神经网络算法。支持向量机是统计学习领域中一个代表性算法，但它与传统方式的思维方法不同，其采用提高维度的方式将问题简化，使问题归结为线性可分的经典解问题。支持向量机可应用于垃圾邮件识别、人脸识别等多种分类问题。

4. 人工神经网络算法

人工神经网络是由神经元组成的复杂的网络，由个体神经元互相连接而成，每个神经元有数值量的输入和输出，形式可以为实数或线性组合函数。它先要以一种学习准则去学习，然后才能进行工作。当网络判断错误时，其可以通过学习减少犯同样错误的可能性。该算法有很强的泛化能力和非线性映射能力，可以对信息量少的系统进行模型处理。从功能模拟角度看具有并行性，且传递信息速度极快。简单的人工神经网络示意图如图 1-10 所示。

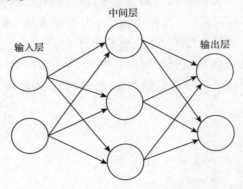

图 1-10　简单的人工神经网络示意图

5. Boosting 与 Bagging 算法

集成学习（ensemble learning）的基本思想就是将多个分类器组合在一起，从而实现一个预测效果更好的集成分类器。集成算法大致可分为 Boosting 和 Bagging 两种类型。

Boosting 是种通用的增强基础算法性能的回归分析算法，其不需要构造一个高精度的回归分析，只需要一个粗糙的基础算法，然后通过反复调整基础算法的参数得到较好的组合回归模型。它可以将弱学习算法提高为强学习算法，可以应用其他基础回归算法，如线性回归、人工神经网络等来提高精度。

Bagging 和 Boosting 算法大体相似但又略有差别，其给出已知的弱学习算法和训练集，需要经过多轮的计算，才可以得到预测函数，最后采用投票方式对示例进行判别。随机森林算法实质上就是一种 Bagging 算法。

6. 关联规则算法

关联规则算法是用规则去描述两个变量或多个变量之间的关系，是客观反映数据本身性质的方法。关联规则算法的实现可分为两个阶段，先从数据集中找到高频项目组，再去研究它们的关联规则。其得到的分析结果就是对变量间规律的总结。

7. 期望最大化算法

在进行机器学习的过程中，需要用到极大似然估计等参数估计方法，在有潜在变量的情况下，通常选择期望最大化算法，它不是直接对函数对象进行极大估计，而是先添加一些数据进行简化计算，再进行极大化模拟。它是对本身受限制或比较难直接处理的数据的极大似然估计算法。

视　频

猴子分桃

1. 基础思路与 N-S 流程图绘制

正确的做法应该是先整体后局部，自顶向下地思考问题，设计算法。

首先从总体上考虑这个问题。既然不知道桃子有多少个，那就从 1 个桃子开始考虑。如果这一个桃子能够被 5 只猴子这样分掉，那么桃子的总数就是 1 个。如果不能，那就把桃子的数目加 1，变成 2。然后再看这 2 个桃子是否能被 5 只分掉。如果能则桃子总数就是 2，否则就把桃子的数目再加 1，……依此类推直到找到第一个能被 5 分的数为止。

此部分对应的 N-S 流程图如图 1-11 所示。

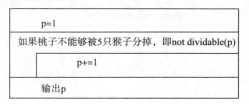

图 1-11　程序主体对应的 N-S 流程图

其中的判断 p 个桃子能否被 5 只猴子分掉，可以划分为一个局部问题进行处理。我们把 p 个桃子依次让 5 只猴子分。如果这个循环能够正常结束，就说明这 p 个桃子的确能被 5 只猴子分掉，返回 True；如果某只猴子无法把桃子分掉，则立即终止循环并返回 False。

如何判断 p 个桃子能否被一只猴子分掉呢？首先，猴子要吃掉一个桃子，所以 p 要减去 1，然后剩下的桃子数（即 p－1）能否被 5 整除。如果能，则剩下 4（p－1）/5 个桃子；如果不能，则意味着 p 个桃子不能被当前的猴子分掉。判断 p 个桃子能否被 5 只猴子分掉的 N-S 流程图如图 1-12 所示。

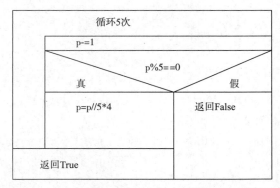

图 1-12　判断 p 个桃子能否被 5 只猴子分掉部分对应的 N-S 流程图

2. 代码实现

```
def dividable(p):              #五猴分桃问题子算法(p个桃子能否被5只猴子分掉):
    for _ in range(5):         #1) 循环5次,每次执行:
        p -= 1                 #1.1) p=p-1    #注释:吃掉一个桃子
        if p % 5 == 0:         #1.2) 如果p能被5整除,则:
            p = p // 5 * 4     #p = 4/5 * p
        else:                  #1.3) 否则:
            return False       #程序结束,返回"假"
    return True                #2) 程序成功,返回"真"

def monkey_peach():            #主函数
    p = 1
    while not dividable(p):
        p += 1
    print(p)

monkey_peach()                 #调用五猴分桃函数
```

运行结果:

```
3121
```

习题

1. 设 n 是描述问题规模的非负整数,下面程序片段的时间复杂度是(　　)。

```
x = 2
while x < n/2 :
    x = 2 * x
    print(x)
```

　　A. $O(\log_2 n)$　　　　B. $O(n)$　　　　C. $O(n\log_2 n)$　　　　D. $O(n^2)$

2. 求整数 $n(n \geq 0)$ 阶乘的算法如下,其时间复杂度是(　　)。

```
def fact(n):
    if n <= 1:
        return 1
    return n * fact(n-1)
```

　　A. $O(\log_2 n)$　　　　B. $O(n)$　　　　C. $O(n\log_2 n)$　　　　D. $O(n^2)$

3. 以下程序片段的时间复杂度为(　　)。

```
i = 1
while i <= n:
    i = i * 3
```

　　A. $O(\log_2 n)$　　　　B. $O(n)$　　　　C. $O(n\log_2 n)$　　　　D. $O(n^2)$

4. 算法的（　　）是指算法需要消耗的内存空间。
   A. 鲁棒性　　　　　B. 时间复杂度　　　C. 空间复杂度　　　D. 唯一性
5. 以下理解正确的是（　　）。
   A. 数据结构＝程序＋算法　　　　　　B. 算法＝程序＋数据结构
   C. 程序＝算法＝数据结构　　　　　　D. 程序＝算法＋数据结构

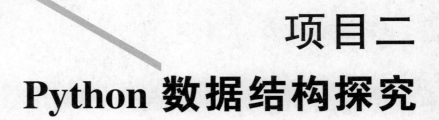

项目二
Python 数据结构探究

党的二十大报告摘读：

"教育、科技、人才是全面建设社会主义现代化国家的基础性、战略性支撑。必须坚持科技是第一生产力、人才是第一资源、创新是第一动力，深入实施科教兴国战略、人才强国战略、创新驱动发展战略，开辟发展新领域新赛道，不断塑造发展新动能新优势。"

——习近平在中国共产党第二十次全国代表大会上的报告

走近科技领军人物：

魏道政（1929—2022），我国最早从事计算数学和计算机应用研究的学者，是我国计算机辅助设计、辅助测试和容错计算领域的主要开拓者之一，曾获第二届国家自然科学奖、中国计算机学会"中国计算机事业60年杰出贡献特别奖"和"终身成就奖"。

任务 2.1　用 Python 语言编写"购买打折票"小程序

任务描述

某航空公司原价 1 000 元的机票针对小朋友推出打折服务。3 岁及以下儿童机票免费，4～12 岁儿童机票半价，12 岁以上儿童不享受打折服务。请编写小程序，当用户输入年龄后，可显示是否打折及机票价格。

学习目标

知识目标	掌握 Python 语言基础
能力目标	能够安装 Python 环境； 能够用 Python 语言编写程序

续表

素质目标	提升任务文档的阅读能力； 提高归纳总结的能力； 提高逻辑分析能力； 培养保护知识产权的意识； 培养热爱科学的精神； 提高语言表达能力

知识学习

Python 是一种强大且简单的计算机语言，是开源语言，读者可以在官网获得并安装使用。Python 由荷兰数学和计算机科学研究学会的吉多·范罗苏姆于 1990 年初设计。Python 提供了高效的高级数据结构，还能简单有效地面向对象编程。"科技是第一生产力"，我国在计算机编程语言方面还有较大进步空间。希望通过我们的努力，可以促进我国在信息技术领域的不断进步。

Python程序安装

2.1.1 Python 程序安装

1. 获取安装包

Python 安装包网址主页面如图 2-1 所示。

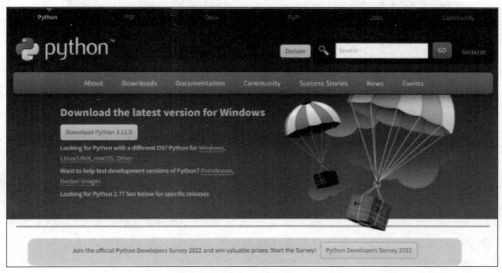

图 2-1　Python 官网主页面

2. 安装 Python

在 Windows 上安装 Python 和安装普通软件一样，选择常用的安装目录，单击"Install now"按钮，等待几分钟就可以完成安装，如图 2-2 所示。

图 2-2　Python 安装界面

安装完成以后，打开 Windows 的命令行程序（命令提示符），在窗口中输入 python 命令（注意字母 p 是小写的），如果出现 Python 的版本信息，并看到命令提示符＞＞＞，就说明安装成功了，如图 2-3 所示。

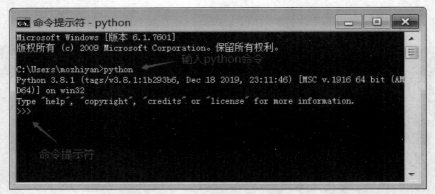

图 2-3　测试安装成功界面

3. 安装 PyCharm

PyCharm 是一种 Python IDE（integrated development environment，集成开发环境），带有一整套可以帮助用户在使用 Python 语言开发时提高其效率的工具，比如调试、语法高亮、项目管理、代码跳转、智能提示、自动完成、单元测试、版本控制。此外，IDE 还提供了一些高级功能，以用于支持 Django 框架下的专业 Web 开发。

首先获取 PyCharm 安装程序，获取界面如图 2-4 所示，根据本机操作系统所选需要下载的版本即可。Professional 表示专业版，Community 是社区版，推荐安装社区版，因为是免费使用的。然后运行安装即可，安装时建议勾选配置环境变量选项。

项目二 Python 数据结构探究 21

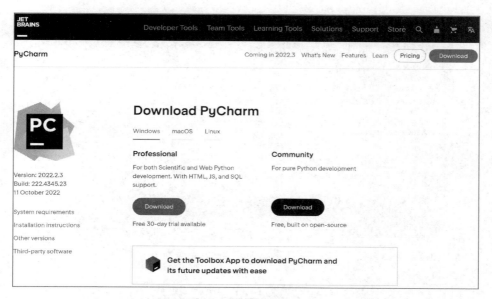

图 2-4 PyCharm 安装程序获取界面

2.1.2 编写 Python 程序

1. 启动 IDLE 集成开发环境编写程序

（1）启动 IDLE 集成开发环境

单击"开始"菜单，如图 2-5 所示，选择"IDLE（Python 3.10 64-bit）"选项，即可打开 IDLE 集成开发环境。

（2）编写程序

在 Python 提示符下直接输入代码 print（"开拓创新 精益求精"），并且按下【Enter】键。

图 2-5 启动 IDLE 集成开发环境菜单

输入代码：

```
print("开拓创新  精益求精")
```

运行结果：

```
开拓创新  精益求精
```

2. 使用 PyCharm 编写程序

（1）新建 Python 文件并编写程序

进入软件，选中"py"项目然后单击"File"→"New"→"Python File"命令，新建一个 Python 文件，在其中编写一个程序，如图 2-6 所示。

（2）执行程序

单击菜单中的"Run"→"Run'main'"命令，如图 2-7 所示。

在页面底部的"终端"中显示运行结果，如图 2-8 所示。

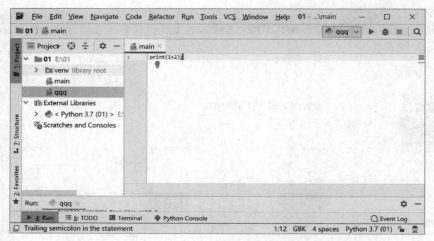

图 2-6　新建 python 文件并编写程序

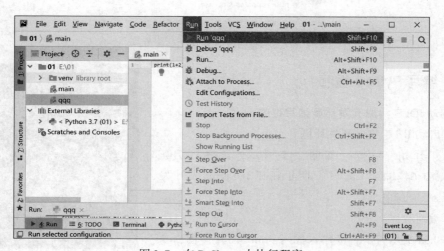

图 2-7　在 PyCharm 中执行程序

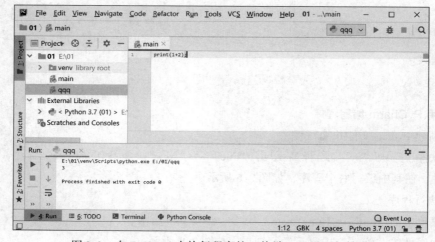

图 2-8　在 PyCharm 中执行程序的 "终端" 显示运行结果

2.1.3 Python 语言基础

1. 变量

Python 中变量很简单，不需要指定数据类型，直接使用等号定义即可。Python 变量里面存的是内存地址，也就是这个值存在内存里面的哪个地方。如果把一个变量赋值给一个新变量，则新变量只需要存储原变量的内存地址。

变量的定义规则：变量名要见名知意，不能用拼音，不能用中文；变量名只能是字母、数字、下划线的任意组合；变量名的第一个字符不能是数字。

2. 单引号、双引号、三引号

Python 中定义变量时字符串都用引号引起来，此时单引号和双引号没有区别。但是如果字符串中有单引号的话，外面就得用双引号；如果里面有双引号，外面就用单引号；如果既有单引号又有双引号，那么用三引号，三引号也可以多行注释代码，单行注释使用#。

3. 数字

Python 中数字类型的变量可以表示任意大的数值。十六进制以 0x 开头，八进制以 0o 开头，二进制以 0b 开头。Python 中可以表示复数，用 j 来表示虚部，complex(a,b) 函数可以形成复数。real 查看实部 imag 查看虚部 conjugate( ) 返回共轭复数。

4. 输入与输出

Python 使用 input 函数接收用户输入，使用 print 函数输出。

Python 提供了 input( ) 内置函数从标准输入读入一行文本，默认的标准输入是键盘。input 可以接收一个 Python 表达式作为输入，并将运算结果返回。input( ) 的使用规则比较简单，因为 Python 在使用变量的时候不需要提前定义，所以在需要输入信息的时候只要给定一个变量名即可直接输入。

输入代码：

```
a = input('请输入地球的卫星:')
print("地球的卫星是:",a)
```

运行结果：

```
请输入地球的卫星:月球
地球的卫星是:月球
```

5. 条件判断

Python 中条件判断使用 if else 来判断，多分支使用 if elif ... else。

【例 2-1】某城市间公交车，乘坐 5 站以内每人每站收取 3 元费用，超出 5 站按每人每站（从第一站算起）收取 5 元费用。请输入乘坐站数与人数，得出票价。

输入代码：

```
p_num = int(input("请输入乘车人数:"))
s_num = int(input("请输入乘坐站数:"))
```

```
#判断乘坐站数是否小于等于5.
if s_num <= 5:
    print('您需付费：' + str(p_num* s_num* 3) + '元')
else:
    print('您需付费：' + str(p_num* s_num* 5) + '元')
```

运行结果：

```
请输入乘车人数：2
请输入乘坐站数：7
您需付费：70 元
```

6. 循环

Python 中有两种循环：while 和 for。两种循环的区别是：while 循环之前，先判断一次，如果满足条件的话，再循环；for 循环的时候必须有一个可迭代的对象，才能循环。Python 中 for 循环很简单，循环的是一个可迭代对象中的元素，这个对象中有多少个元素，就循环多少次。循环里面还有两个比较重要的关键字，continue 和 break，continue 是跳出本次循环，继续进行下一次循环；break 是停止循环，continue 和 break 下面的代码都是不执行的。

【例2-2】计算 1+2+…+100 的结果。

① 使用 for 循环的对应代码：

```
print("计算 1+2+...+100 的结果为：")
#保存累加结果的变量
result = 0
#逐个获取从 1 到 100 这些值,并做累加操作
i = 1
for i in range(101):
    result = result + i
print(result)
```

运行结果：

```
计算 1+2+...+100 的结果为：
5050
```

② 使用 while 循环的对应代码：

```
print("计算 1+2+...+100 的结果为：")
sum = 0
n = 1
while n <= 100:
    sum = sum + n
    n = n + 1
print(sum)
```

运行结果:

```
计算1+2+...+100 的结果为:
5050
```

任务实现

1. 代码实现

```
age = int(input('请输入年龄:'))
b = 1000
if age <= 3:
    print('三岁以下儿童免费。')
elif age <= 12:
    print('3~12 岁儿童半价,您只需支付:', b * 0.5, '元')
else:
    print('12 岁以上,请支付全价:', b, '元')
```

2. 运行结果

```
请输入年龄:10
3~12 岁儿童半价,您只需支付:500.0 元
```

习题

1. Python 使用（　　）函数接收用户输入。
   A. input　　　　B. output　　　　C. print　　　　D. put
2. Python 使用（　　）函数实现输出功能。
   A. input　　　　B. output　　　　C. print　　　　D. put
3. Python 中有两种循环,是（　　）和 for。
   A. while　　　　B. do　　　　　　C. if　　　　　　D. set
4. Python 中条件判断使用（　　）来判断。
   A. if else　　　B. else　　　　　C. for　　　　　D. while
5. 以下关于 Python 语言的介绍不正确的是（　　）。
   A. 是一款开源语言　　　　　　　　B. 是一款编程语言
   C. 是一种跨平台的计算机程序设计语言　　D. 是一款收费的编程语言

任务 2.2　用 Python 数据结构技术实现"统计单词频率"

任务描述

从文件中读取一段英文文章,统计其中出现的所有单词的数量。英文文章内容如下:

A computer system has input, output, storage, and processing components.
The processor is the "intelligence" of a computer system. A single computer system may have sever-

al processors.

Each processor, sometimes called the central processing unit or CPU, has only two sections.

All programs and data must be transferred to primary storage form an input device before programs can be executed or data can be processed.

Many networks exist in the world, often with different hardware and software. People connected to one network often want to communicate with people attached to a different one.

Form the user's point of view, the Web consists of a vast, worldwide collection of documents.

Every Web site has a server process listening to TCP port 80 for incoming connections from clients. After a connection has been established, the client sends one request and the server sends one reply.

学习目标

知识目标	掌握字典的应用原理； 掌握列表的应用原理； 掌握元组的应用原理； 掌握集合的应用原理
能力目标	能够实现列表的基本操作； 能够实现元组的基本操作； 能够实现字典的基本操作； 能够实现集合的基本操作； 能够运用Python中的四种内置数据结构实现任务需求
素质目标	提升任务文档的阅读能力； 提高分析问题、解决问题的能力； 提高计算机专业英语的阅读理解能力

知识学习

Python中内置的数据结构分别是：列表、元组、字典、集合。

视频
字典（dict）

2.2.1 字典

字典（dict）是Python内置的四大数据结构之一，是一种可变的容器模型，该容器中存放的对象是一系列以（key：value）构成的键值对。其中键值对的key是唯一的，不可重复，且一旦定义不可修改；value可以是任意类型的数据，可以修改。通过给定的key，可以快速获取到value，这种访问速度和字典的键值对的数量无关。字典这种数据结构的设计还与json的设计有异曲同工之妙。另外，Python内置了一些函数用于操作字典，包含：计算字典元素个数的len()函数，以及可打印字符串输出的str()函数，删除字典给定键key所对应值的pop()函数，等等。

定义字典的格式：

```
d={key1：value1, key2：value2}
```

1. 字典的创建

输入代码：

```python
d = {'name': '张爱国', 'age': 25, 'hobby': ['编程', '看报', 111], 'location': {'天涯', '海角'}, ('male', 'female'): 'male'}
print(d)   # {'name': '张爱国', 'age': 25, 'hobby': ['编程', '看报', 111], 'location': {'海角', '天涯'}, ('male', 'female'): 'male'}
```

运行结果：

```
{'name': '张爱国', 'age': 25, 'hobby': ['编程', '看报', 111], 'location': {'海角', '天涯'}, ('male', 'female'): 'male'}
```

注意：字典的 key 必须是可被 hash 的，在 Python 中，可被 hash 的元素有：int、float、str、tuple；不可被 hash 的元素有：list、set、dict。如此，出现的错误提示如图 2-9 所示。

图 2-9 数据类型错误的提示

2. 字典的访问

```python
d = {'name': '张爱国', 'age': 25, 'hobby': ['编程', '看报', 111], 'location': {'天涯', '海角'}, ('male', 'female'): 'male'}

# 根据键获取值
print(d['name'])        # 张爱国
print(d.get('name'))    # 张爱国

# 成员存在则进行访问
if 'age' in d:
    print(d.get('age'))  # 25

# 循环遍历访问
for k in d:
    print(k, d[k])
'''
name 张爱国
age 25
hobby ['编程', '看报', 111]
location {'天涯', '海角'}
('male', 'female') male
'''
```

```
for k, v in d.items():
    print(k, '- ->', v)
'''
name - -> 张爱国
age - -> 25
hobby - -> ['编程', '看报', 111]
location - -> {'海角', '天涯'}
('male', 'female') - -> male
'''
for v in d.values():
    print(v)
'''
张爱国
25
['编程', '看报', 111]
{'海角', '天涯'}
male
'''
```

3. 修改字典的值

```
d = {'name': '张爱国', 'age': 25, 'hobby': ['编程', '看报', 111], 'location': {'天涯', '海角'}, ('male', 'female'): 'male'}
print(d['age'])   # 25
d['age'] = 27
print(d['age'])   # 27
```

4. 删除字典的元素

```
d = {'name': '张爱国', 'age': 25, 'hobby': ['编程', '看报', 111], 'location': {'天涯', '海角'}, ('male', 'female'): 'male'}
del d['name']
print(d)   # name 键值对已被删除
d.clear()
print(d)   # d 已被清除,输出为空的对象 {}
del d
print(d)   # name 'd' is not defined
```

5. 增加字典元素

```
d = {'name': '张爱国', 'age': 25, 'hobby': ['编程', '看报', 111], 'location': {'天涯', '海角'}, ('male', 'female'): 'male'}

del d['name']
del d['hobby']
del d['location']
```

```
print(d)    #{'age':25,('male','female'):'male'}

d.update({'name_1':'测试用户名'})    #添加元素值
print(d)    #{'age':25,('male','female'):'male','name_1':'测试用户名'}

m={'test':'test',1:1}    #合并字典值
d.update(m)
print(d)    #{'age':25,('male','female'):'male','name_1':'测试用户名','test':'test',1:1}
```

6. 字典的复制

```
d={'name':'张爱国','age':25,'hobby':['编程','看报',111],'location':{'天涯','海角'},('male','female'):'male'}

m=d.copy()    #浅复制
print(m= =d)    #True
print(id(m)= =id(d))    #False

n=d    #直接赋值
print(id(n)= =id(d))    #True
```

7. 字典的特征

① 字典中的元素必须以键值对形式出现。
② 字典中的元素的键不可以重复，值可以重复。
③ 字典中元素的键不可以修改，值可以修改。

2.2.2 列表

列表（list）是一种可变类型的数据结构。列表是一种序列，即每个列表元素是按照顺序存入的，可以通过索引（下标）的方式实现列表元素的获取，列表中的元素不受任何限制，可以存放数值、字符串及其他数据结构。

视 频

列表（list）

1. 创建列表

```
#直接创建列表
list=["百度","腾讯","阿里巴巴"]
print(list)
#通过循环来创建列表
a=[1,2,3,4,5,6]
b=[i*10 for i in a]
print(b)
```

2. 增加元素

```
#列表后面追加元素
list=["百度","腾讯","阿里巴巴"]
```

```
list.append("火狐")
print(list)
#在指定位置插入元素
list = ["百度", "腾讯", "阿里巴巴"]
list.insert(1, "360")
print(list)
```

3. 删除元素

```
#删除尾部元素
list = ["百度", "腾讯", "阿里巴巴"]
list.pop()
print(list)
#删除指定位置的元素
list = ["百度", "腾讯", "阿里巴巴"]
list.pop(1)
print(list)
#删除列表中某一个确定元素
list = ["百度", "腾讯", "阿里巴巴", "火狐"]
list.remove("火狐")
print(list)
#删除列表指定索引位置范围内的元素
list = ["百度", "腾讯", "阿里巴巴", "火狐"]
del list[1:3] #删除列表角标 1 到 2 的所有数据
print(list)
```

4. 获取列表信息

```
#获取列表长度
list = ["百度", "腾讯", "阿里巴巴"]
print(len(list))
#list[1]获取列表指定索引位置的数据
print(list[1])
#list[1:3]获取列表指定范围的数据
print(list[1:3])
#list[ :2]获取列表从索引位为 0 开始到指定索引位置的数据
print(list[ :2])
#list[1: ]获取指定索引位到列表结尾的数据
print(list[1: ])
```

视频
元组（tuple）

2.2.3 元组

元组（tuple）是一种序列，因此获取列表元素的索引方法同样可以使用到元组对象中。元组不再是一种可变类型的数据结构，它只有两种方法：count( )与 index( )。元组通过英文状态下的( )构成。

元组与列表相似，不同之处就在于元组的元素不能被修改。列表使用的是中括号"[ ]"，元组使用的是小括号"( )"。列表属于可变类型，元组属于不可变类型。Python 内部对元组进行了大量的优化，访问和处理速度都比列表快。

1. 新建元组

```
tuple1 = () #创建一个空元组
tuple1 = (50,) #创建只有一个元素的元组,该元素后的","不可省略
```

2. 访问元组的元素

```
tuple1 = ('physics', 'chemistry', 1997, 2000)
tuple2 = (1, 2, 3, 4, 5, 6, 7)
print("tuple1[0]: ", tuple1[0])
print("tuple2[1:5]: ", tuple2[1:5])
```

3. 修改元组

元组中的元素值是不允许修改的。

4. 元组拼接

```
tuple1 = (12, 34.56)
tuple2 = ('abc', 'xyz')
tuple3 = tuple1 + tuple2
print(tuple3)
```

5. 删除元组

```
tuple1 = (12, 34.56)
del tuple1
```

6. 获取元组的一些信息

```
#获取元组的长度
tuple = (1, 2, 3)
print(len(tuple))
#获取元组中的元素的最大值
tuple = (1, 2, 3)
print(max(tuple))
#获取元组中的元素的最小值
tuple = (1, 2, 3)
print(min(tuple))
```

7. 判断某一个元素是否存在元组中

```
tuple = (1, 2, 3)
a = 3 in tuple
print(a)    # True
```

8. 遍历元组

```
tuple = (1, 2, 3)
```

```
for x in tuple:
  print(x)
```

9. 将列表转化成元组

```
list = [1, 2, 3]
tuple = tuple(list)
```

10. 元组的运算

```
#复制操作
tuple = (1, )
result = tuple * 4
#元组截取
tuple = ("百度","腾讯","阿里巴巴")
print(tuple[2])    #读取索引值为2的元素
print(tuple[-2])   #反向读取,读取倒数第二个元素
print(tuple[1:])   #截取从索引值为1到末尾的所有元素
```

2.2.4 集合

视频
集合（set）

集合（set）更接近数学上集合的概念。集合中每个元素都是无序的、不重复的任意对象。可以通过集合去判断数据的从属关系，也可以通过集合把数据结构中重复的元素减掉。集合可做集合运算，可添加和删除元素。集合内数据无序，即无法使用索引和分片。集合内部数据元素具有唯一性，可以用来排除重复数据。集合内的数据：str、int、float、tuple等，即内部只能放置可哈希数据。

1. 新建一个集合

```
#新建一个空集合
s = set()
print(s)
#新建一个有元素的集合
s = {1, 2, 3, 4, 5, 6}
print(s)
```

2. 新增集合中的元素

```
#新增集合中的元素
s = {1, 2, 3, 4, 5, 6}
s.add(7)
print(s)
```

3. 删除集合中的元素

```
#删除集合中的元素
s = {1, 2, 3, 4, 5, 6}
s.remove(6)
```

```
print(s)
```

1. 基础准备

将需要统计单词数量的文章放进一个文本中,例如,放在"E:\words-original.txt"文件中。

2. 代码实现

```
original_words = open(r'E:\words-original.txt', 'r', encoding = 'utf-8')
# 将文本中的句子分割成一个一个单词,去除标点符号后存入 word_list 列表中。
word_list = []
for lines in original_words:
    word = lines.replace('\n', '').split(' ')
    for reduce_word in word:    # 去除单词中的标点符号

        word_list.append(reduce_word.strip(',').strip('? ').strip('.'))

# 使用字典数据结构统计单词出现的频率
word_dict = {}
for w in word_list:
    if w in word_dict.keys():
        word_dict[w] += 1
    else:
        word_dict[w] = 1
# 输出结果
print(word_dict)
```

3. 运行结果

{'': 22, 'A': 2, 'computer': 3, 'system': 3, 'has': 4, 'input': 2, 'output': 1, 'storage': 2, 'and': 4, 'processing': 2, 'components': 1, 'The': 1, 'processor': 2, 'is': 1, 'the': 7, '"intelligence"': 1, 'of': 4, 'a': 5, 'single': 1, 'may': 1, 'have': 1, 'several': 1, 'processors': 1, 'Each': 1, 'sometimes': 1, 'called': 1, 'central': 1, 'unit': 1, 'or': 2, 'CPU': 1, 'only': 1, 'two': 1, 'sections': 1, 'All': 1, 'programs': 2, 'data': 2, 'must': 1, 'be': 3, 'transferred': 1, 'to': 5, 'primary': 1, 'form': 1, 'an': 1, 'device': 1, 'before': 1, 'can': 2, 'executed': 1, 'processed': 1, 'Many': 1, 'networks': 1, 'exist': 1, 'in': 1, 'world': 1, 'often': 2, 'with': 2, 'different': 2, 'hardware': 1, 'software': 1, 'People': 1, 'connected': 1, 'one': 4, 'network': 1, 'want': 1, 'communicate': 1, 'people': 1, 'attached': 1, 'Form': 1, 'user's': 1, 'point': 1, 'view': 1, 'Web': 2, 'consists': 1, 'vast': 1, 'worldwide': 1, 'collection': 1, 'documents': 1, 'Every': 1, 'site': 1, 'server': 2, 'process': 1, 'listening': 1, 'TCP': 1, 'port': 1, '80': 1, 'for': 1, 'incoming': 1, 'connections': 1, 'from': 1, 'clients': 1, 'After': 1, 'connection': 1, 'been': 1, 'established': 1, 'client': 1, 'sends': 2, 'request': 1, 'reply': 1}

习题

1. 以下（　　）是 Python 内置数据结构中的列表。
   A. list   B. tuple   C. dict   D. set
2. 以下（　　）是 Python 内置数据结构中的字典。
   A. list   B. tuple   C. dict   D. set
3. 以下（　　）是 Python 内置数据结构中的集合。
   A. list   B. tuple   C. dict   D. set
4. 以下（　　）是 Python 内置数据结构中的元组。
   A. list   B. tuple   C. dict   D. set
5. 字典是一种可变的容器模型，该容器中存放的对象是一系列以（　　）构成的键值对。
   A. key：value   B. value：key   C. value   D. value

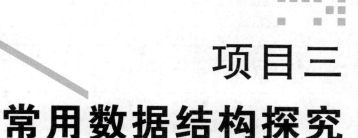

项目三
常用数据结构探究

党的二十大报告摘读：

"我们要坚持教育优先发展、科技自立自强、人才引领驱动，加快建设教育强国、科技强国、人才强国，坚持为党育人、为国育才，全面提高人才自主培养质量，着力造就拔尖创新人才，聚天下英才而用之。"

——习近平在中国共产党第二十次全国代表大会上的报告

走近科技领军人物：

张钹，清华大学计算机系教授，中科院院士，中国人工智能奠基者。在过去30多年中，他提出问题求解的商空间理论，在商空间数学模型的基础上，提出了多粒度空间之间相互转换、综合与推理的方法。提出问题分层求解的计算复杂性分析以及降低复杂性的方法。该理论与相应的新算法已经应用于不同领域，如统计启发式搜索、路径规划的拓扑降维法、基于关系矩阵的时间规划以及多粒度信息融合等，这些新算法均能显著降低计算复杂性。该理论现已成为粒计算的主要分支之一。在人工神经网络上，他提出基于规划和基于点集覆盖的学习算法。这些自顶向下的结构学习方法比传统的自底向上的搜索方法在许多方面具有显著优越性。

任务3.1 用线性表技术实现"运动员得分排序"

任务描述

顺序表中存储数据的空间是连续的，所以表中任意一个元素都可以被随机访问。因此在实际的信息管理应用中，顺序表更适合添加和删除较少的数据。表3-1是某次体育比赛中部分运动员在两轮比赛中的得分。我们需要将表中运动员姓名、各轮得分依次输入顺序表中，分别对表中运动员按照第一轮得分和第二轮得分进行排序。

表3-1 运动员得分表

序号	姓名	第一轮得分	第二轮得分
1	张三	89	92

续表

序号	姓名	第一轮得分	第二轮得分
2	李四	56	78
3	王五	75	90
4	赵六	63	100
5	刘七	92	81

学习目标

知识目标	掌握线性表的基本概念、操作和应用
能力目标	能够理解线性表的基本概念； 能够理解线性表的存储原理； 能够实现顺序表的基本操作； 能够实现链表的基本操作； 能够运用线性表数据结构实现任务需求
素质目标	提升 Python 代码编写和调试能力； 提高独立思考问题、解决问题的能力； 培养精益求精的工匠精神

知识学习

线性表是一种常用的数据结构。本章从线性表的基本概念入手，根据线性表存储方式的不同，详细介绍顺序表和链表的基本操作和应用。

3.1.1 线性表

视 频

探秘线性表

线性表是数据结构中非常重要和常用的一种数据结构，接下来从线性表的定义、存储方式、基本操作等方面对线性表进行介绍。

1. 定义

线性表是由若干个具有相同特性的数据元素组成的有限序列。若该线性表中不包含任何元素，则称为空表，此时其长度为零。当线性表不为空时，表中元素的个数即为其长度。

2. 形式

可以用以下形式来表示线性表：

{a[1], a[2], …, a[i], …, a[n]}

其中，a[i] 表示线性表中的任意一个元素，n 表示元素的个数。表中 a[1] 为第一个元素，a[2] 为第二个元素，依此类推，a[n] 为表中的最后一个元素。由于元素 a[1] 领先于 a[2]，因此称 a[1] 是 a[2] 的直接先驱元素，a[2] 是 a[1] 的直接后继元素。

把线性表中的第一个元素 a[1] 称为表头，最后一个元素 a[n] 称为表尾，在线性表中，有且仅有一个表头元素和一个表尾元素。通常表头元素没有直接先驱元素，表尾元素没有直接后继元素。

3. 逻辑结构

图 3-1 是一种典型的线性表的逻辑结构。

图 3-1　一种典型的线性表的逻辑结构

4. 类型

线性表中的元素之间也可以存在某种关系，如数字 1～20 里所有偶数的排列，可用如下线性表的形式来表示：{2,4,6,8,10,12,14,16,18,20}。

此时，表内元素的值是按照递增顺序来排列的，通常称这种类型的线性表为有序线性表（简称有序表），即该表中元素按某种顺序进行排列。从严格意义上来讲，仅当线性表中所有元素以递增或递减的顺序排列（允许表中存在相同的元素），才称其为有序表；否则，均称其为无序表，元素之间既无递增也无递减关系，示例如下：{2,15,6,74,9,18,13,12,17,126}。

5. 特性

线性表有以下特性：

① 线性表中的元素个数一定是有限的。
② 线性表中的所有元素具有相同的性质。
③ 线性表中除表头元素以外，其他所有元素都有唯一的（直接）先驱元素。
④ 线性表中除表尾元素以外，其他所有元素都有唯一的（直接）后继元素。

3.1.2　顺序表的基本操作及实现

上面内容从线性表的定义、形式、逻辑结构、类型和特性等方面进行了简要的介绍，下面将从顺序表的概念、基本操作等方面进行详细学习。

视频·
顺序表

1. 顺序表的概念

顺序表是指采用顺序存储的方式来存储数据元素的线性表。在顺序表中，通常将结点依次存放在一组地址连续的存储空间中，由于待存储空间连续且每个数据元素占用的空间相同，因此可以综合上述信息并通过计算得出每个元素的存储位置。

给定一个顺序表 a，其中的数据元素为{1,3,5,7}，此时将其存入一组连接的存储空间中（假定每个数据元素只占用一个存储单元），如图 3-2 所示。假定顺序表中第一个元素 "1" 的位置为 Locate(a[1])，则第二个元素 "3" 的位置就可以通过下式得到：

$$\text{Locate}(a[2]) = \text{Locate}(a[1]) + 1$$

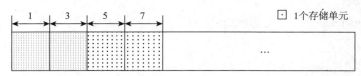

图 3-2　一个元素占用一个存储单元

假定每个元素所占用的存储空间为 S 个存储单元，当我们只知道第一个元素的位置时，如果我们想求任意一个元素 a[i] 的存储位置，就可以使用下列关系式来计算顺序表 a 中任意一个元素的存储位置。

$$Locate(a[i]) = Locate(a[1]) + (i-1)*S$$

线性表中的数据元素，在存储空间中是被依次相邻存放的。从实现的角度来看，由于顺序表中元素的数据类型不同，因此占用的存储单元数目也不同。所以在分配存储空间时，必须考虑到这一点。

通常编译器都会分配多于顺序表元素所需的存储空间，以防止在程序运行时，因为存储空间不够而导致程序无法正常运行，但这样通常会导致存储空间的极大浪费，而使得存储效率低下。

2. 顺序表的操作

创建文件，在该文件中我们定义了一个用于顺序表基本操作的 SequenceList 类。表 3-2 是 SequenceList 类中的成员函数表。

表 3-2　SequenceList 类中的成员函数表

序号	名称	注释
1	__init__(self)	初始化线性表（构造函数）
2	CreateSequenceList(self)	创建顺序表
3	DestorySequenceList(self)	销毁顺序表
4	IsEmpty(self)	判断顺序表是否为空
5	GetElement(self)	获取表中指定位置的元素值
6	FindElement(self)	在表中查找某一指定元素
7	GetExtremum(self)	获取表中最大值或最小值
8	InsertElement(self)	在表中指定位置插入某一元素
9	AppendElement(self)	在表末尾插入某一元素
10	SortSequenceList(self)	对表进行排序
11	DeleteElement(self)	删除表中某一元素
12	VisitElement(self)	访问表中某一元素
13	TraverseElement(self)	遍历表中所有元素

将具体实现__init__(self)、CreateSequenceList(self)、FindElement(self)、InsertElement(self)、DeleteElement(self)、TraverseElement(self)这六个方法。还可根据自己的需要，自行实现其余方法。

3. 创建顺序表

首先调用 SequenceList 类的构造函数__init__(self)初始化一个空的顺序表，其算法思路如下：

① 创建一个顺序表。

② 对该顺序表进行初始化。

该算法思路对应的算法步骤如下：

① 创建一个顺序表 self.SeqList。

② 将顺序表 self.SeqList 置空。

实现代码如下：

```
# 初始化顺序表函数
def __init__(self):
    self.SeqList = [ ]
```

然后调用 SequenceList 类的成员函数 CreateSequenceList(self)创建顺序表，其算法思路如下：
① 输入数据元素并存入顺序表中。
② 结束数据元素的输入。
③ 成功创建顺序表。

该算法思路对应的算法步骤如下：
① 调用 input()方法接收用户的输入。
② 若用户的输入不为"#"，则调用 append()方法将其添加至线性表中并转③。
③ 重复步骤①。
④ 若用户的输入为"#"，则结束当前输入并完成线性表的创建。

实现代码如下：

```
# 创建顺序表
    def CreateSequenceList(self):
        Element = input("请输入元素(按#结束):")
        while Element != "#":
            self.SeqList.append(int(Element))
            Element = input("请输入元素(按#结束):")
```

通过执行上述代码，我们创建了一个新的顺序表 SeqList，表内数据元素为｛'1001'，'365'，'30'，'11'，'23'，'24'，'3'，'9'，'35'｝，在之后的基本操作中，都会基于该顺序表进行。

4. 查找元素

通过 SequenceList 类的成员函数 FindElement(self,SeqList)来查找顺序表中的某一元素，其算法思路如下：
① 输入待查找的元素值。
② 若需查找的元素值存在于顺序表中，则输出其值及所在位置。
③ 若需查找的元素不在顺序表中，则输出相应提示。

该算法思路对应的算法步骤如下：
① 调用 input()方法接收用户输入的待查找的元素值 key，并将其转化为 int 型。
② 判断用户输入的元素值 key 是否存在于顺序表 SeqList 中，若结果为真则转③，否则转④。
③ 输出该元素值及其所在位置。
④ 输出查找失败的提示。

实现代码如下：

```python
# 查找指定值的元素
    def FindElement(self):
        key = int(input("请输入要查找的元素值:"))
        if key in self.SeqList:
            ipos = self.SeqList.index(key)
            print("查找成功！值为",self.SeqList[ipos],"的元素位于当前顺序表的第",ipos+1,"个位置。")
        else:
            print("查找失败！当前顺序表中不存在",key,"的元素。")
```

5. 指定位置插入元素

通过 SequenceList 类的成员函数 InsertElement(self,SeqList)，向已有顺序表 SeqList 中插入指定元素，其算法思路如下：

① 输入待插入元素的目标位置。
② 输入待插入的元素值。
③ 输出成功插入元素后的顺序表。

该算法思路对应的算法步骤如下：

① 调用 input() 方法接收用户需要插入元素的目标位置 iPos。
② 调用 input() 方法接收用户需要插入元素的值 Element。
③ 调用 insert() 方法将值为 Element 的元素插入指定位置 iPos 处。
④ 调用 print() 方法将插入元素 Element 后的顺序表输出。

实现代码如下：

```python
#指定位置插入元素
def InsertElement(self):
    ipos = int(input("请输入要插入元素的位置:"))
    Element = int(input("请输入要插入元素的值:"))
    self.SeqList.insert(ipos,Element)
    print("插入元素后,当前顺序表为:",self.SeqList)
```

假定在之前创建的顺序表 SeqList 中，将元素'66'插入至表中第 4 个位置（其下标位置为 3），通过执行上述代码，原本含有 9 个元素的顺序表 SeqList{'1001','365','30','11','23','24','3','9','35'}变为含有 10 个元素的顺序表 SeqList{'1001','365','30','66','11','23','24','3','9','35'}。

6. 指定位置删除元素

通过 SequenceList 类的成员函数 DeleteElement(self,SeqList)，可将已有顺序表 SeqList 中的指定位置处的数据元素删除，其算法思路如下：

① 输入待删除元素的下标位置。
② 删除指定元素。
③ 输出删除元素后的顺序表。

该算法思路对应的算法步骤如下：

① 调用 input( )方法接收用户需要删除元素的目标位置 dPos。
② 调用 remove( )方法将下标位置为 dPos 的元素删除。
③ 调用 print( )方法输出删除元素后的顺序表。
实现代码如下：

```
#指定位置删除元素
def DeleteElement(self):
    dpos = int(input("请输入删除元素的位置:"))
    print("正在删除元素",self.SeqList[dpos - 1],"......")
    self.SeqList.remove(self.SeqList[dpos - 1])
    print("删除后的顺序表为:",self.SeqList)
```

假定在之前创建的顺序表 SeqList 中删除下标位置为三的元素'66'，在执行删除操作后，原顺序表 SeqList 中元素'11'及其之后的五个元素均向前移动了一个位置。还可以通过将元素'30'及其之前的两个元素向后移动一个位置，实现删除元素'66'这一操作。

7. 遍历顺序表元素

通过 SequenceList 类的成员函数 TraverseElement(self)，遍历当前顺序表 SeqList 中的元素，其算法思路如下：
① 得到顺序表的长度。
② 逐一输出该顺序表中的元素值。
该算法思路对应的算法步骤如下：
① 调用 len( )函数得到当前顺序表 SeqList 的长度 SeqListLen。
② 使用变量 i 来指示当前元素的下标位置。
③ 从变量 i = 0 开始到 i = SeqListLen-1 为止，执行④。
④ 调用 print( )方法输出下标位置为 i 的元素值。
⑤ 结束输出。
实现代码如下：

```
#遍历顺序表元素
def TraverseElement(self):
    ListLen = len(self.SeqList)
    print("遍历顺序表中的元素......")
    for i in range(0,ListLen):
        print("第",i + 1,"个元素的值是:",self.SeqList[i])
```

3.1.3 链表的基本操作及实现

本节从链表的基本概念入手，介绍单链表和循环单链表的基本操作和具体实现。

1. 链表的基本概念

链表是指采用链式结构来存储数据元素的线性表，它与顺序表最大的区别在于两者的存储结构不同。顺序表需要由系统提前分配一组连续的存储空间，并采用顺序存储的方式来存储数据元素；而链表是在每个结点创建时主动向系统申请相应的存储空间，并通

链表

过指针来链接各个包含数据元素的结点。即链表中元素的逻辑顺序是由指针的链接次序决定的，与存储空间的物理位置无关，因此在使用时仅能被顺序存取；而顺序表中元素的逻辑顺序与其物理位置直接相关，因此可实现随机存取。

除此之外，与顺序表相比，链表还有以下特点：

① 链表实现了存储空间的动态管理。

② 链表在执行插入与删除操作时，不必移动其余元素，只需修改指针即可。

我们使用存储密度这一指标来衡量数据存储时其对应存储空间的使用效率。它是指结点中数据元素本身所占的存储量和整个结点所占用的存储量之比，即：

存储密度 = 结点中数据元素所占的存储量/结点所占的存储量

因此，顺序表的存储密度为1，而链表的存储密度小于1。所以在理想情况下，顺序表的存储密度会大于链表，其相应的存储空间利用率也就更高。

链表是由一系列结点通过指针链接而形成的，每个结点可分为数据域和指针域两个部分，数据域可用于存储数据元素，指针域可用于存储下一结点的地址。每个数据元素 a[i] 与其直接后继元素 a[i+1] 的逻辑顺序是通过结点的指针来指明的，其中，数据元素 a[i] 所在的结点为数据元素 a[i+1] 所在的结点的直接先驱结点，反之，数据元素 a[i+1] 所在的结点为数据元素 a[i] 所在的结点的直接后继结点。

假定一个线性表 A 为{'Ren','Zhi','Chu','Xing','Ben','Shan'}，当我们将此线性表中的元素用链式结构来存储时，其对应链式存储结构如图3-3所示。

	存储地址	数据域	指针域
	0x01	Ben	0x21
	0x11	Chu	0x33
头指针 H	0x21	Shan	None
0x49	0x49	Ren	0x25
	0x33	Xing	0x01
	0x25	Zhi	0x11

图3-3　线性表 A 的链式存储结构

我们该如何通过指针，对上述元素按表中顺序进行存储呢？首先假定一个头指针 H，它被用来指向链表中第一个结点，接着在第一个结点的指针域中存入第二个结点所在的存储地址，依此类推，直至最后一个元素。由于最后一个元素没有直接后继，因此其指针域中的值为 None。

上述步骤执行完成后生成了一个链表 B，其逻辑结构如图3-4所示。

图3-4　链表 B 的逻辑结构

2. 链表的类型

链表可分为单向链表、双向链表及循环链表。

① 在单向链表中，每个结点只包含一个指针域，它用来指向其直接后继结点，通常我们将这种单向链表简称为单链表。图 3-5 是一个典型的单链表。

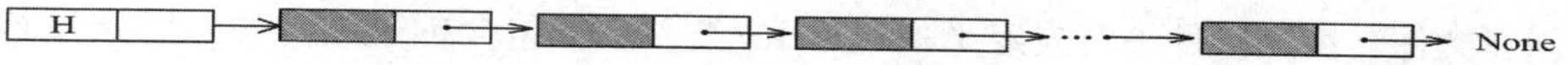

图 3-5　一个典型的单链表

② 在双向链表中，每个结点包含两个指针域，其中一个用于指向先驱结点，可称之为先驱指针；另一个用于指向后继结点，可称之为后继指针。通常将这样的双向链表简称为双链表。图 3-6 是一个典型的双链表。

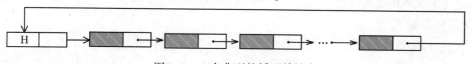

图 3-6　一个典型的双链表

③ 循环链表的特点之一就是从表中任一结点出发，均可找到表中其他结点。接下来介绍两种最为常用的循环链表——循环单链表和循环双链表。

循环单链表的特点是表中最后一个结点的指针域不为空，而是指向表中的第一个结点（若循环单链表中存在头结点，那么第一个结点即为头结点；否则第一个结点为循环单链表中第一个元素所在的结点）。图 3-7 是一个典型的循环单链表。

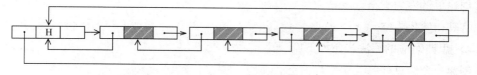

图 3-7　一个典型的循环单链表

循环双链表的特点之一是表中最后一个结点的后继指针指向该表的第一个结点（若循环双链表中存在头结点，那么第一个为头结点；否则第一个结点为循环双链表中第一个元素所在的结点），并且表中第一个结点的先驱指针指向该表的最后一个结点。图 3-8 是一个典型的循环双链表。

图 3-8　一个典型的循环双链表

3. 单链表的基本操作

单链表可由头指针唯一确定。它用于指向表中第一个结点，若其为空，则表示该单链表的长度为 0；否则需通过循环的方式来访问结点的指针域，从而计算出单链表的长度。通过使用头指针，还可对单链表执行其他操作。有时会在单链表的第一个结点前增加一个结点，其数据域默认为空，也可用于存储单链表长度之类的数据；而指针域则被用于存储第一个结点的地址。把这种类型的结点称为头结点，并把含有这种头结点的单链表称为带头结点的单链表；反之则称为不带头结点的单链表。

和不带头结点的单链表相比,带头结点的单链表不仅统一了第一个结点及其后继结点的处理过程,还统一了空表和非空表的处理过程。因此在后续内容的介绍中,若无特别声明,我们所说的单链表均指带头结点的单链表。

可按如下步骤来实现带头结点的单链表的基本操作:

① 创建文件,在该文件中首先定义一个 Node 类,该类包含创建结点并对结点进行初始化的操作。

② 定义一个 SingleLinkedList 类,用于创建一个单链表,并对其执行相关操作。

将具体实现 Node 类中的__init__()方法,以及 SingleLinkedList 类中的__init__(self)、CreateSingleLinkedList(self)、InsertElementInTail(self)、InsertElementInHead(self)、FindElement(self)、DeleteElement(self)和 TraverseElement(self)这几个方法。其余方法读者可根据自己的需要来实现。

(1) 初始化结点

调用 Node 类的成员函数__init__(self,data)初始化一个结点,其算法思路如下:

① 创建一个数据域,用于存储每个结点的值。

② 创建一个指针域,用于存储下一个结点的地址。

③ 还可以根据实际需要创建其他域,用于存储结点的各种信息。

该算法思路对应的算法步骤如下:

① 创建数据域并将其初始化为 data。

② 创建指针域并将其初始化为空。

该算法代码如下:

```
# 初始化结点函数
def __init__(self, data):
    self.data = data
    self.next = None
```

(2) 初始化头结点

调用 SingleLinkedList 类的成员函数__init__(self)用于初始化头结点,其算法思路如下:

① 创建单链表的头结点。

② 将其初始化为空。

该算法思路对应的算法步骤如下:

① 创建一个结点并将其初始化为空。

② 令单链表的头结点为上述结点。

该算法的代码如下:

```
# 初始化头结点函数
def __init__(self):
    self.head = Node(None)
```

(3) 创建单链表

调用 SingleLinkedList 类的成员函数 CreateSingleLinkedList(self)用于创建一个单链表,其算法思路如下:

① 获取头结点。
② 由用户输入每个结点的值，并依次创建这些结点。
③ 每创建一个结点，就将其链入单链表的尾部。
④ 若用户输入"#"号，转⑤；否则转②。
⑤ 完成单链表的创建。

该算法思路对应的算法步骤如下：
① 使用变量 cNode 指向头结点。
② 调用 input( )方法接收用户的输入。
③ 判断用户的输入是否为"#"，若结果为真，则转⑦；否则转④。
④ 将用户输入的值作为参数去创建并初始化一个新结点。
⑤ 在 cNode 的 next 域中存入新结点的地址。
⑥ 将 cNode 指向 cNode 的后继结点，并转②。
⑦ 结束当前输入，完成单链表的创建。

该算法的代码如下：

```
tuple1 = (12, 34.56)
#创建单链表函数
def CreateSingleLinkedList(self):
    print("*********************************************")
    print("* 请输入数据后按回车键确认,若想结束请输入"#"。 * ")
    print("*********************************************")
    cNode = self.head
    Element = input("请输入当前结点的值:")
    while Element! = "#":
        nNode = Node(int(Element))
        cNode.next = nNode
        cNode = cNode.next
        Element = input("请输入当前结点的值:")
```

通过执行上述代码，可以创建一个新的单链表 SLList，如图 3-9 所示。

图 3-9　单链表 SLList

（4）尾端插入元素

调用 SingleLinkedList 类的成员函数 InsertElementInTail(self)，向已有单链表的尾端插入结点，其算法思路如下：
① 输入待插入结点的值。
② 创建数据域为该值的结点。
③ 在当前单链表的尾端插入该结点。

该算法思路对应的算法步骤如下：
① 调用 input( ) 方法接收用户输入，并将其存入变量 Element 中。
② 判断 Element 是否为"#"，若结果为真，则转⑧；否则转③。
③ 使用变量 cNode 指向单链表的头结点。
④ 将 Element 转化为整型数，然后将其作为参数去创建并初始化一个新结点。
⑤ 判断 cNode 的 next 是否为空，若为空则转⑦，否则转⑥。
⑥ 将 cNode 指向其后继结点，转⑤。
⑦ 将 nNode 的地址存入 cNode 的指针域中，完成该结点在单链表尾端的插入。
⑧ 结束本程序。

该算法的代码如下：

```
tuple1 = (12, 34.56)
#尾端插入元素函数
def InsertElementInTail(self):
    Element = (input("请输入待插入结点的值:"))
    if Element = = "#":
        return
    cNode = self.head
    nNode = Node(int(Element))
    while cNode.next! = None:
        cNode = cNode.next
    cNode.next = nNode
```

假定在之前创建的单链表 SLList 中，将值为 18 的结点插入至表中最后一个位置，通过执行上述代码，原本含有五个结点的单链表 SLList，变为含有六个结点的单链表 SLList。图 3-10 是尾端插入结点的前后对比。

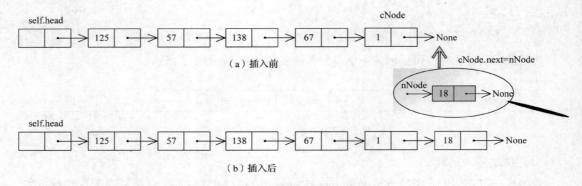

图 3-10　链表尾端插入结点的前后对比

（5）首端插入元素

调用 SingleLinkedList 类的成员函数 InsertElementInHead(self)，向已有单链表的首端插入结点，其算法思路如下：

① 输入待插入结点的值。

② 创建数据域为该值的结点。
③ 在当前单链表的首端插入该结点。

该算法思路对应的算法步骤如下：
① 调用 input( ) 方法接收用户输入，并将其存入变量 Element 中。
② 判断 Element 是否为 "#"，若结果为真，则转⑦；否则转③。
③ 使用变量 cNode 指向当前单链表的头结点。
④ 将 Element 转化为整型数，然后将其作为参数去创建并初始化一个新结点。
⑤ 将新结点的 next 指向 cNode 的后继结点，转⑥。
⑥ 将 nNode 的地址存入结点 cNode 的指针域中，完成该结点在单链表首端的插入。
⑦ 结束本程序。

该算法的代码如下：

```
#首端插入元素函数
def InsertElementInHead(self):
    Element = input("请输入待插入结点的值:")
    if Element = = "#":
        return
    cNode = self.head
    nNode = Node(int(Element))
    nNode.next = cNode.next
    cNode.next = nNode
```

假定在之前创建的单链表 SLList 中，将值为 88 的结点插入至表中第一个位置，通过执行上述代码，原本含有六个结点的单链表 SLList，变为含有七个结点的单链表 SLList。图 3-11 是首端插入结点的前后对比。

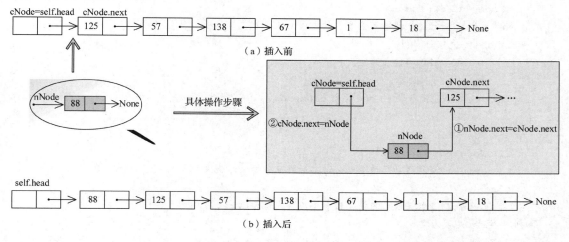

图 3-11　首端插入结点的前后对比

因为是链式存储结构，所以在执行插入操作前，不必为新结点腾出相应的存储空间。仅需将结点插入到链表中头结点之后的第一个位置即可，所以该算法的执行时间与单链表无关。

(6) 查找指定元素并返回其位置

调用 SingleLinkedList 类的成员函数 FindElement(self)，在单链表中查找含有某一指定元素的结点，其算法思路如下：

① 输入待查找的元素值。
② 若在单链表中存在包含目标元素的结点，则输出第一个被找到的结点的值及其所在位置。
③ 若在单链表中不存在包含目标元素的结点，则输出相应提示。

该算法思路对应的算法步骤如下：

① 使用变量 Pos 指示当前下标位置。
② 使用变量 cNode 指向单链表 SLList 的头结点。
③ 调用 input() 方法接收用户的输入，存入变量 key 中，并将其转化为整型数。
④ 判断当前链表是否为空，若为空则转⑤，否则转⑥。
⑤ 调用 print() 方法输出当前单链表为空的提示并返回。
⑥ 当 cNode 的 next 不为空且 cNode 所指结点的值不等于 key 时，执行⑦，否则执行⑧。
⑦ 将 cNode 指向当前结点的后继结点并将 Pos 加 1，转⑥。
⑧ 判断当前 cNode 所指结点的值是否等于 key，若为真，则转⑨；否则转⑩。
⑨ 调用 print() 方法输出值 key 及其所在位置。
⑩ 调用 print() 方法输出查找失败的提示。

该算法的代码如下：

```python
# 查找指定元素并返回其位置
def FindElement(self):
    Pos = 0
    cNode = self.head
    key = int(input("请输入要查找的元素的值:"))
    if self.IsEmpty():
        print("当前单链表为空!")
        return
    while cNode.next != None and cNode.data != key:
        cNode = cNode.next
        Pos = Pos + 1
    if cNode.data == key:
        print("查找成功! 值为", key, "的结点位于该单链表的第", Pos, "个位置。")
    else:
        print("查找失败! 当前单链表中不存在值为", key, "的元素。")
# 判断单链表是否为空
def IsEmpty(self):
    if self.GetLength() == 0:
        return True
    else:
        return False
```

```
# 获取单链表长度
def GetLength(self):
    cNode = self.head
    length = 0
    while cNode.next != None:
        length = length + 1
        cNode = cNode.next
    return length
```

(7) 删除元素

调用 SingleLinkedList 类的成员函数 DeleteElement(self)，可将已有单链表中包含指定元素的结点删除，其算法思路如下：

① 输入待删除结点的值。
② 在单链表中，查找与该值相等的结点。
③ 若查找成功，则执行删除操作。
④ 若查找失败，则输出相应提示。

该算法思路对应的算法步骤如下：

① 调用 input( )方法接收用户待删除结点的值 dElement。
② 使用变量 cNode、pNode 指向单链表 SLList 的头结点。
③ 判断当前链表是否为空，若为空则转④，否则转⑤。
④ 调用 print( )方法输出当前单链表为空的提示并返回。
⑤ 当 cNode 所指结点的指针域不为空且 cNode 所指结点的值不等于 dElement 时，执行⑥，否则执行⑦。
⑥ 令 pNode 等于 cNode，再将 cNode 指向其后继结点并转⑤。
⑦ 判断 cNode 所指结点的值是否等于 dElement，若为真，则转⑧；否则转⑨。
⑧ 将 pNode 的 next 指向 cNode 所指结点的后继结点，然后删除 cNode 所指结点，再调用 print( )方法输出相应提示。
⑨ 调用 print( )方法输出删除失败的提示。

该算法的代码实现如下：

```
# 删除元素
def DeleteElement(self):
    dElement = int(input("请输入待删除结点的值:"))
    cNode = self.head
    pNode = self.head
    if self.IsEmpty():
        print("当前单链表为空!")
        return
    while cNode.next != None and cNode.data != dElement:
        pNode = cNode
        cNode = cNode.next
```

```
        if cNode.data = = dElement:
            pNode.next = cNode.next
            del cNode
            print("成功删除值为",dElement,"的结点。")
        else:
            print("删除失败!")
```

假定我们在之前创建的单链表 SLList 中删除值为 57 的结点,通过执行算法使得原本含有七个结点的单链表,变为含有六个结点的单链表。为了将值为 57 的结点成功删除,首先需要将值为 57 的结点的先驱结点内的指针指向值为 57 的结点的后继结点,进而再对值为 57 的结点执行删除操作,具体过程如图 3-12 所示。

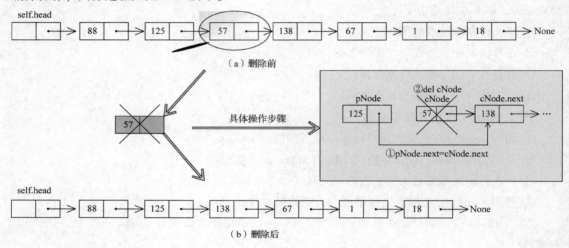

图 3-12 删除结点的前后对比

(8) 遍历单链表

调用 SingleLinkedList 类的成员函数 TraverseElement(self),用于遍历单链表中的元素,其算法思路如下:

① 若头结点的指针域为空,则输出相应提示。

② 若头结点的指针域不为空,则调用 VisitElement(self,tNode) 方法将当前单链表中的元素逐一输出。

该算法思路对应的算法步骤如下:

① 使用变量 cNode 指向单链表 SLList 的头结点。

② 判断当前链表是否为空,若为空,则转③,否则转④。

③ 调用 print( ) 方法输出当前单链表为空的提示并返回。

④ 当 cNode 不为空时,执行⑤,否则执行⑥。

⑤ 将 cNode 指向其后继结点,并调用 VisitElement( ) 方法输出 cNode 所指结点的值,转④。

⑥ 退出程序。

该算法的代码如下:

```
#遍历单链表
def TraverseElement(self):
    cNode = self.head
    if cNode.next = =None:
        print("当前单链表为空")
        return
    print("当前的单链表为:")
    while cNode ! =None:
        cNode = cNode.next
        self.VisitElement(cNode)

#输出单链表中某一元素
def VisitElement(self,tNode):
    if tNode ! =None:
        print(tNode.data,"——>",end = "")
    else:
        print("None")
```

4. 双单链表

通常在单链表中，每个结点都只有一个指向其直接后继结点的指针，我们只能通过这一指针访问到该结点的直接后继结点。若我们需要访问某一结点 cNode 的直接先驱结点，只能从头结点开始，借助于每一个结点的指针域依次访问其后继结点，直到某一结点的后继结点为 cNode 时，才找到了 cNode 的直接先驱结点。倘若我们为上述结点增加一个指针域，用来记录其直接先驱结点，则可大大提高处理此类问题的效率。将这种同时包含两个指针域的结点构成的链表称为双链表，对于每一个结点而言，它的一个指针域可用于存储该结点直接先驱结点的地址，将其称为先驱指针域，而另一个指针域用于存储该结点直接后继结点的地址，将其称为后继指针域。

下面将具体介绍如何实现带头结点的双链表的基本操作，请读者按以下步骤执行：

第 1 步，创建文件，在该文件中首先定义一个 DoubleLinkedNode 类，该类包含创建结点并对结点进行初始化的操作。

第 2 步，定义一个 DoubleLinkedList 类，用于创建一个双链表，并对其执行相关操作。

接下来，将具体实现 DoubleLinkedNode 类中的 __init__() 方法，以及 DoubleLinkedList 类中的 __init__(self)、CreateDoubleLinkedList(self)、InsertElementInTail(self)、InsertElementInHead(self)、DeleteElement(self) 和 TraverseElement(self) 这六个方法。其余方法也可根据自己的需要来实现。

（1）初始化结点

调用 DoubleLinkedNode 类的成员函数 __init__(self,data) 初始化一个结点，其算法思路如下：

① 创建一个数据域，用于存储每个结点的值。

② 创建一个后继指针域，用于存储下一个结点的地址。

③ 创建一个先驱指针域，用于存储前一个结点的地址。
④ 根据实际需要创建其他域，用于存储结点的各种信息。
该算法思路对应的算法步骤如下：
① 创建数据域并将其初始化为 data。
② 创建后继指针域并将其初始化为空。
③ 创建先驱指针域并将其初始化为空。
实现代码如下：

```
# 初始化结点函数
def __init__(self,data):
    self.data = data
    self.next = None
    self.prev = None
```

（2）初始化头结点

调用 DoubleLinkedList 类的成员函数 __init__(self) 来初始化头结点，其算法思路如下：
① 创建单链表的头结点。
② 将其初始化为空。
该算法思路对应的算法步骤如下：
① 创建一个结点并将其初始化为空。
② 令双链表的头结点为上述结点。
实现代码如下：

```
# 初始化头结点函数
def __init__(self):
    self.head = DoubleLinkedNode(None)
```

（3）创建双链表

调用 DoubleLinkedList 类的成员函数 CreateDoubleLinkedList(self) 创建一个双链表，其算法思路如下：
① 获取头结点。
② 由用户输入每个结点值，并依次创建这些结点。
③ 每创建一个结点，将其链入双链表的尾部。
④ 若用户输入 "#" 号，转⑤；否则转②。
⑤ 完成双链表的创建。
该算法思路对应的算法步骤如下：
① 调用 input() 方法接收用户输入的值 data。
② 使用变量 cNode 指向头结点。
③ 判断用户的输入是否为 "#"，若结果为真，则转⑥；否则转④。
④ 将 data 转化为整型数，然后将其作为参数去创建并初始化一个新结点 nNode。
⑤ 在 cNode 的 next 中存入 nNode，再将 cNode 存入 nNode 的 prev 中，最后将 cNode 指向其

直接后继结点，并继续接收用户输入后转③。
⑥ 结束当前输入，完成双链表的创建。
实现代码如下：

```python
# 创建双链表函数
def CreateDoubleLinkedList(self):
    print("*****************************************")
    print("* 请输入数据后按回车键确认,若想结束请输入"#"。 * ")
    print("*****************************************")
    data = input("请输入元素:")
    cNode = self.head
    while data != '#':
        nNode = DoubleLinkedNode(int(data))
        cNode.next = nNode
        nNode.prev = cNode
        cNode = cNode.next
        data = input("请输入元素:")
```

通过执行上述代码，可以创建一个新的双链表。如图3-13所示为某一次输入所产生的双链表DLList，若无特殊说明，在之后讲解的内容都会基于该双链表进行操作。

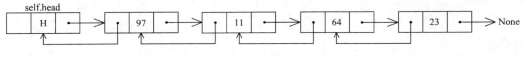

图3-13 双链表DLList

（4）尾端插入元素

调用DoubleLinkedList类的成员函数InsertElementInTail(self)，向已有双链表的尾端插入结点，其算法思路如下：

① 输入待插入结点的值。
② 创建数据域为该值的结点。
③ 在当前双链表的尾端插入该结点。

该算法思路对应的算法步骤如下：

① 调用input()方法接收用户输入，并将其存入变量Element中。
② 判断Element是否为"#"，若结果为真，则转⑧；否则转③。
③ 将Element转化为整型数，然后将其作为参数去创建并初始化一个新结点。
④ 使用cNode指向当前双链表的头结点。
⑤ 判断cNode所指结点的后继指针域是否为空，若为空则转⑦，否则转⑥。
⑥ 将cNode指向其后继结点，并转⑤。
⑦ 将nNode存入cNode的next中，再将cNode存入nNode的prev中，完成该结点在双链表尾端的插入。
⑧ 退出本程序。

实现代码如下：

```python
# 尾端插入函数
def InsertElementInTail(self):
    Element = input("请输入待插入结点的值:")
    if Element == "#":
        return
    nNode = DoubleLinkedNode(int(Element))
    cNode = self.head
    while cNode.next != None:
        cNode = cNode.next
    cNode.next = nNode
    nNode.prev = cNode
```

假定在之前创建的双链表 DLList 中，将值为 99 的结点插至该表中最后一个位置，这使得原本含有四个结点的双链表 DLList，变为了含有五个结点的双链表 DLList，具体过程如图 3-14 所示。

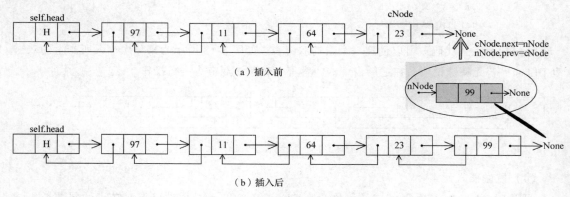

图 3-14　尾端插入结点前后对比

（5）首端插入元素

调用 DoubleLinkedList 类的成员函数 InsertElementInHead(self)，在双链表的首端插入新结点，其算法思路如下：

① 输入待插入结点的值。

② 创建数据域为该值的结点。

③ 在当前双链表的首端插入该结点。

该算法思路对应的算法步骤如下：

① 调用 input() 方法接收用户输入，并将其存入变量 Element 中。

② 判断 Element 是否为"#"，若结果为真，则转⑩；否则转③。

③ 使用变量 cNode 指向当前双链表头结点的直接后继结点。

④ 使用变量 pNode 指向当前双链表的头结点。

⑤ 将 Element 转化为整型数，然后将其作为参数去创建并初始化一个新结点。

⑥ 将新结点 nNode 的先驱指针指向 pNode。

⑦ 将 pNode 的后继指针指向 nNode。

⑧ 将 nNode 的后继指针指向 cNode。
⑨ 将 cNode 的先驱指针指向 nNode，完成在双链表首端的插入。
⑩ 退出本程序。

实现代码如下：

```python
#首端插入元素函数
def InsertElementInHead(self):
    Element = input("请输入待插入结点的值:")
    if Element == "#":
        return
    cNode = self.head.next
    pNode = self.head
    nNode = DoubleLinkedNode(int(Element))
    nNode.prev = pNode
    pNode.next = nNode
    nNode.next = cNode
    cNode.prev = nNode
```

假定在之前创建的双链表 DLList 中，将值为 32 的结点插至表中第一个位置，这将使原本含有五个结点的双链表 DLList，变为含有六个结点的双链表 DLList，具体过程如图 3-15 所示。

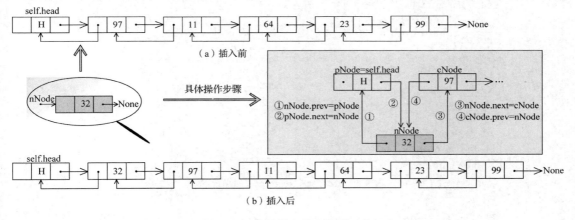

图 3-15　首端插入结点前后对比

（6）删除元素

调用 DoubleLinkedList 类的成员函数 DeleteElement(self)，可将双链表中包含指定元素的结点删除，其算法思路如下：

① 输入待删除结点的值。
② 在双链表中，查找与该值相等的结点。
③ 若查找成功，则执行删除操作。
④ 若查找失败，则输出相应提示。

该算法思路对应的算法步骤如下：

① 调用 input() 方法接收用户待删除结点的值 dElement，并将其转化为整型数。

② 将 cNode 和 pNode 分别指向双链表的头结点。
③ 判断当前链表是否为空，若为空则转④，否则转⑤。
④ 调用 print() 方法输出当前双链表为空的提示并返回。
⑤ 当 cNode 的 next 不为空且 cNode 的 data 不等于 dElement 时，执行⑥，否则执行⑦。
⑥ 令 pNode 等于 cNode，再将 cNode 指向其后继结点，并转⑤。
⑦ 判断 cNode 的 data 是否等于 dElement，若为真则转⑧；否则转⑪。
⑧ 判断 cNode 的 next 是否为空，若为空则转⑨，否则转⑩。
⑨ 将 pNode 的 next 置为空，然后删除 cNode，再调用 print() 方法输出相应提示。
⑩ 令 qNode 等于 cNode 的后继结点，然后将 pNode 的后继指针指向 qNode，再将 pNode 存入 qNode 的 prev 中，最后删除 cNode，并调用 print() 方法输出删除成功的提示。
⑪ 调用 print() 方法输出删除失败的提示。

实现代码如下：

```python
# 删除元素函数
def DeleteElement(self):
    dElement = int(input('请输入待删除结点的值:'))
    cNode = self.head
    pNode = self.head
    if self.IsEmpty():
        print("当前双链表为空!")
        return
    while cNode.next != None and cNode.data != dElement:
        pNode = cNode
        cNode = cNode.next
    if cNode.data == dElement:
        if cNode.next == None:
            pNode.next = None
            del cNode
            print("成功删除含有元素",dElement,"的结点！\n")
        else:
            qNode = cNode.next
            pNode.next = qNode
            qNode.prev = pNode
            del cNode
            print("成功删除含有元素",dElement,"的结点！\n")
    else:
        print("删除失败！双链表中不存在含有元素",dElement,"的结点\n")
```

假定在之前创建的双链表 DLList 中删除值为 64 的结点 nNode，通过执行上述算法使得原本含有六个结点的双链表，变为含有五个结点的双链表。为了将 nNode 成功删除，首先需要修改 nNode 的先驱结点（即值为 11 的结点）的后继指针，将其指向 nNode 的后继结点（即值为 23 的结点），再修改 nNode 的后继结点（即值为 23 的结点）的先驱指针，将其指向 nNode 的先驱结点(即值为 11 的结点),然后删除 nNode,具体过程如图 3-16 所示。

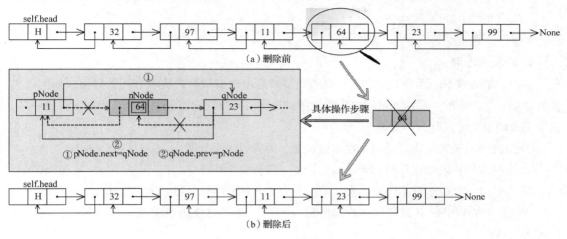

图 3-16 删除结点前后对比

(7)遍历双链表

调用 DoubleLinkedList 类的成员函数 TraverseElement(self),遍历当前双链表中的元素,其算法思路如下:

① 若双链表为空,则输出相应提示。

② 若双链表不为空,则调用 VisitElementByNext(self,tNode)方法将双链表中的元素从前到后按序依次输出。

该算法思路对应的算法步骤如下:

① 使用变量 cNode 指向双链表的头结点。

② 调用 print()方法给出按 next 域遍历带头结点双链表的提示。

③ 判断当前双链表是否为空,若为空则转④,否则转⑤。

④ 调用 print()方法输出当前双链表为空的提示并返回。

⑤ 当 cNode 的 next 不为空时,执行⑥;否则执行⑦。

⑥ 将 cNode 指向其后继结点,并调用 VisitElementByNext()方法输出 cNode 所指结点的值,转⑤。

⑦ 调用 print()方法输出"None"的提示并退出程序。

实现代码如下:

```
# 遍历带头结点双链表
def TraversElement(self):
    cNode = self.head
    print("按 next 域遍历带头结点双链表:")
    if self.IsEmpty():
        print("当前双链表为空!")
        return
    while cNode.next! = None:
```

```
        cNode = cNode.next
        print(cNode.data," -> ",end = "")
print("None")
```

5. 链表的应用

某小学举办春季运动会,八名四年级的同学被选中参加开幕式徒步方阵的表演,他们的具体信息如表 3-3 所示。在排练过程中,李老师首先要求八位同学按表中序号从小到大排成一队,按以下规则组队并进行队形变换:

① 男同学均被安排在序号为奇数的位置上,简称男生小分队。
② 女同学均被安排在序号为偶数的位置上,简称女生小分队。
③ 入场时,男生小分队向左,女生小分队向右,然后两队并排走入运动场。

请结合单链表中的有关操作,输出队形变换后,两支小分队中的总人数和每一位同学的姓名。

表 3-3 参加方阵同学信息表

序号	姓名	性别
1	蔡丹	男
2	齐云	女
3	李明	男
4	张三丰	女
5	侯天宇	男
6	杨迪	女
7	孙金	男
8	刘芳	女

分析:根据题目要求,需结合单链表的操作来求解,因此先创建一个单链表 LA,表中每个结点应包含姓名域、性别域和指针域。然后以表 3-3 中每一位同学信息作为参数初始化结点,再将这些结点逐一链入单链表 LA 中。本题的实质就是对单链表 LA 进行拆分,将其分为两个单独的单链表 LB 和 LC。

基于上述分析,我们可将解决该问题的算法思路归纳如下:

① 创建单链表 LA、LB 和 LC。
② 将表 3-3 中同学的姓名和性别作为参数创建结点,并将其依次链入单链表 LA 中。
③ 遍历单链表 LA 中的每一个结点,依次将其第一个结点链入单链表 LB 中,第二个节点链入单链表 LC 中,直至单链表 LA 为空。
④ 分别输出单链表 LB 和 LC 中的所有结点。

上述算法思路对应的算法步骤如下:

① 创建文件,为了创建单链表,在该文件中首先定义一个 StudentNode 类,用于创建结点并对结点进行初始化操作,算法步骤如下:

- 创建姓名域并将其初始化为 name。
- 创建性别域并将其初始化为 sex。

- 创建指针域并将其初始化为空。

② 定义 SLL 类用于创建一个单链表,并对其执行相关操作。读者在实现 SLL 类中的大部分操作时,可参考单链表中的 SingleLinkedList 类。

③ 通过调用 SLL 类的 CreateStudentSLL(self)方法,创建单链表 LA,并将表 3-3 中同学的姓名与性别依次输入,然后使用这些数据创建结点,再将其链入单链表 LA 中。

④ 通过 SLL 类的 DivideSLL(self,LinkedListB,LinkedListC)方法对单链表 LA 中的结点进行拆分,其算法步骤如下。

a. 将 aNode 指向 self.head;然后将 bNode 指向作为参数传入的单链表 LinkedListB 的头结点;最后再将 cNode 指向作为参数传入的单链表 LinkedListC 的头结点,并标记当前位置 cPos 为零。

b. 判断 aNode 的 next 是否为空。

c. 若 b 不为真,则执行 d;否则执行 i。

d. 将 aNode 指向其直接后继结点,再将 cPos 的值加 1,并令 pNode 等于 aNode。

e. 判断 cPos 对 2 取模是否为 1。

f. 若 e 为真,则执行 g;否则执行 h。

g. 将 bNode 的 next 指向 pNode,再将 bNode 指向其直接后继结点,转 b。

h. 将 cNode 的 next 指向 pNode,再将 cNode 指向其直接后继结点,转 b。

i. 将 bNode 的 next 与 cNode 的 next 分别置空。

⑤ 为了输出单链表 LB 和 LC 中的所有结点,在 SLL 类中定义了 TraverseSLL(self)方法。

⑥ 为了输出最终结果,在 SLL 类中定义了 PrintSLL(self)方法。

扫描二维码 3-1 可获得具体的实现代码。

视 频

运动员得分排序

任务实现

1. 创建文件 ex3_1.py

在文件 ex3_1.py 中编写运动员得分排序程序。

2. 代码实现

```
# 用线性表技术实现"运动员得分排序"
import operator
class SequenceList(object):
    # 初始化顺序表
    def __init__(self):
        self.SeqList = []
    
    # 创建运动员得分表
    def CreateSequenceList(self):
        Element = input('请输入运动员姓名 第一轮得分 第二轮得分(用空格间隔,按#结束输入):')
        tuple = Element.split(" ")
        while Element != '#':
            self.SeqList.append(tuple)
            Element = input('请输入运动员姓名 第一轮得分 第二轮得分(用空格间隔,按#结束输入):')
```

```python
            tuple = Element.split(" ")
        print('输入完成!')

    # 按第一轮得分进行排序
    def SortByFirstRound(self):
        res = sorted(self.SeqList, key=operator.itemgetter(1), reverse=True)
        SeqListLen = len(self.SeqList)
        print('------按第一轮得分排序----------')
        print('排名   姓名   第一轮得分   第二轮得分')
        for i in range(0, SeqListLen):
            print(" ", i+1, ".", res[i])

    # 按第二轮得分进行排序
    def SortBySecondRound(self):
        res = sorted(self.SeqList, key=operator.itemgetter(2), reverse=True)
        SeqListLen = len(self.SeqList)
        print('------按第二轮得分排序----------')
        print('排名   姓名   第一轮得分   第二轮得分')
        for i in range(0, SeqListLen):
            print(" ", i+1, ".", res[i])

    # 遍历顺序表
    def TraverseElement(self):
        SeqListLen = len(self.SeqList)
        print('------运动员成绩----------')
        print('排名   姓名   第一轮得分   第二轮得分')
        for i in range(0, SeqListLen):
            print(" ", i+1, ".", self.SeqList[i])

    # 输出函数
    def PrintOut(self):
        print('\n(1)初化顺序表:', end="")
        try:
            self.__init__()
            print('顺序表初始化成功!')
        except:
            print('顺序表初始化失败!')
        print('\n(2)输入运动员姓名和得分:')
        try:
            self.CreateSequenceList()
        except ValueError:
            print('输入有误,请重新输入!')
            self.CreateSequenceList()
        print('\n(3)', end="")
```

```python
            try:
                self.TraverseElement()
            except ValueError:
                print('输入得分表有误!')
            print('\n(4)按第一轮得分排序:')
            try:
                self.SortByFirstRound()
            except ValueError:
                print('排序出错!')
            print('\n(5)按第二轮得分排序:')
            try:
                self.SortBySecondRound()
            except ValueError:
                print('排序出错!')


if __name__ == '__main__':
    SL = SequenceList()
    SL.PrintOut()
```

3. 显示结果

(1)初化顺序表:顺序表初始化成功!

(2)输入运动员姓名和得分:
请输入运动员 姓名 第一轮得分 第二轮得分(用空格间隔,按#结束输入):张三 89 92
请输入运动员 姓名 第一轮得分 第二轮得分(用空格间隔,按#结束输入):李四 56 78
请输入运动员 姓名 第一轮得分 第二轮得分(用空格间隔,按#结束输入):王五 75 90
请输入运动员 姓名 第一轮得分 第二轮得分(用空格间隔,按#结束输入):赵六 63 100
请输入运动员 姓名 第一轮得分 第二轮得分(用空格间隔,按#结束输入):刘七 92 81
请输入运动员 姓名 第一轮得分 第二轮得分(用空格间隔,按#结束输入):#
输入完成!

(3)------运动员成绩----------
排名 姓名 第一轮得分 第二轮得分
 1. ['张三', '89', '92']
 2. ['李四', '56', '78']
 3. ['王五', '75', '90']
 4. ['赵六', '63', '100']
 5. ['刘七', '92', '81']

(4)按第一轮得分排序:
------按第一轮得分排序----------
排名 姓名 第一轮得分 第二轮得分
 1. ['刘七', '92', '81']

2. ['张三', '89', '92']
3. ['王五', '75', '90']
4. ['赵六', '63', '100']
5. ['李四', '56', '78']
(5) 按第二轮得分排序：
------按第二轮得分排序----------
排名　姓名　第一轮得分　第二轮得分
1. ['张三', '89', '92']
2. ['王五', '75', '90']
3. ['刘七', '92', '81']
4. ['李四', '56', '78']
5. ['赵六', '63', '100']

习题

1. 将以顺序存储结构实现的线性表称为（　　）。
   A. 线性表　　　　B. 顺序表　　　　C. 链表　　　　D. 结点
2. 顺序表比链表的存储密度更大，是因为（　　）。
   A. 顺序表的存储空间是预先分配的
   B. 链表的所有结点是连续的
   C. 顺序表不需要增加指针来表示元素之间的逻辑关系
   D. 顺序表的存储空间是不连续的
3. 若将某一数组 A 中的元素，通过头插法插入至单链表 B 中（单链表初始为空），则插入完毕后，B 中结点的顺序（　　）。
   A. 与数组中元素的顺序相反
   B. 与数组中元素的顺序相同
   C. 与数组中元素的顺序无关
   D. 与数组中元素的顺序部分相同、部分相反
4. 假定顺序表中第一个数据元素的存储地址为第 1 000 个存储单元，若每个数据元素占用三个存储单元，则第五个元素的地址是第（　　）个存储单元。
   A. 1 015　　　　B. 1 005　　　　C. 1 010　　　　D. 1 012
5. 与单链表相比，双链表（　　）。
   A. 可随机访问表中结点　　　　　　B. 访问前后结点更为便捷
   C. 执行插入、删除操作更为简单　　D. 存储密度等于 1

任务 3.2　用栈和队列技术实现"括号找搭档"

任务描述

检查字符串中方括号、圆括号和花括号是否成对匹配。字符串中可以出现的括号为()、[]、{}，比如字符串 (22,33,44,[5,[8]), () 中的括号不匹配，而字符串 ([&],([3],5,

7),9)中的括号匹配。

学习目标

知识目标	掌握栈和队列的基本概念、操作和应用
能力目标	能够理解栈和队列的基本概念； 能够理解栈和队列的存储原理； 能够实现栈的基本操作； 能够实现队列的基本操作； 能够运用栈和队列数据结构实现任务需求
素质目标	提升独立思考能力； 提升解决问题的能力； 培养迎难而上克服困难的勇气

知识学习

栈和队列是非常重要的两种数据结构，它们被广泛应用于各种计算机软件的设计和开发中。从数据结构的角度来看，它们都是一种特殊的线性表，可以把它们称为限定性数据结构。下面介绍栈和队列的基本概念、存储方式及典型应用。

3.2.1 栈的基本操作及实现

栈是一种只能在一端进行操作的线性表，它最大的特点是进行数据操作时必须遵循"后进先出（last in first out，LIFO）"的原则。

视频

顺序栈

1. 栈的基本概念

通常限定栈（stack）的基本操作均只发生在栈的某一端，如取栈顶元素、在栈中插入或删除某一元素等。我们把可以进行上述操作的这一端称为栈顶（top），而无法进行上述操作的另一端则称为栈底（bottom）。栈中的元素个数即为栈的长度，当栈中不包含任何元素时称为空栈，此时栈中元素个数为零。

在栈中插入一个或多个数据元素的操作称为进栈，而对栈中已有元素进行删除的操作称为出栈。

图3-17（a）表示创建一个栈并将其初始化为空，此时栈顶指针top的值为 –1；图3-17（b）表示元素d_0、d_1和d_2依次进栈，进栈结束后栈顶指针top指向元素d_2所在的位置；图3-17（c）表示元素d_2和d_1依次出栈，此时栈顶指针top指向元素d_0所在的位置；图3-17（d）表示对该栈持续执行进栈后导致栈满，此时栈顶指针top指向元素d_n所在的位置；图3-17（e）表示连续执行出栈操作后，该栈成为空栈，栈顶指针top被重新设置为 –1。

2. 栈的顺序存储

所谓栈的顺序存储，就是采用一组物理上连续的存储单元来存放栈中所有元素，并使用top指针指示当前栈中的栈顶元素。

在图3-18所示的顺序栈中，假设元素的个数最多不超过正整数MaxStackSize，且所有的数据元素都具有相同的数据类型。在图3-18（a）中，创建了一个顺序栈，并将栈顶指针top的初始值

设置为 -1；然后有三个元素 d_0、d_1 和 d_2 依次进栈，此时栈顶指针 top 的值被修改为 2，这表示当前栈中有三个元素，如图 3-18（b）所示；然后 d_2 和 d_1 先后出栈，栈顶指针 top 的值被修改为 0，这表示当前栈中只有一个元素，如图 3-18（c）所示；如果持续执行进栈操作最终会导致栈满，此时栈顶指针 top 的值被修改为 n，栈中共有 $n+1=$ MaxStackSize 个元素，如图 3-18（d）所示。

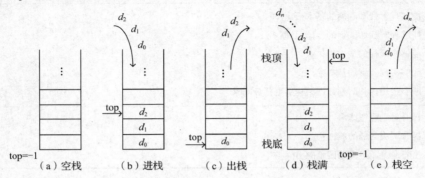

图 3-17　栈的基本操作

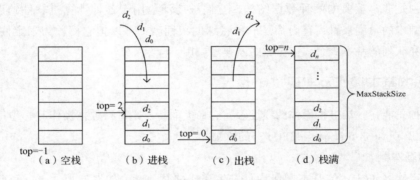

图 3-18　顺序栈的基本操作

3. 顺序栈的基本操作

接下来，介绍如何实现顺序栈的一些基本操作，具体实现 __init__(self)、IsEmptyStack(self)、PushStack(self, x)、PopStack(self)、GetTopStack(self)、StackTraverse(self) 和 CreateStackByInput(self) 这七个方法。

（1）初始化栈

先调用 SequenceStack 类的成员函数 __init__(self) 初始化一个顺序栈，其算法思路如下：

① 对栈空间进行初始化。

② 对栈顶指针进行初始化。

该算法思路对应的算法步骤如下：

① 设置顺序栈能存储的元素个数最多为 MaxStackSize 个。

② 将长度为 MaxStackSize 的列表 s 的每个元素设置为 None。

③ 设置栈顶指针 top 的初值为 -1，表示栈为空。

该算法的代码实现如下：

```
# 初始化顺序栈
def __init__(self):
    self.MaxStackSize =10
    self.s = [None for x in range(0,self.MaxStackSize)]
    self.top = -1
```

(2) 判断栈是否为空

调用 SequenceStack 类的成员函数 IsEmptyStack(self) 来判断当前栈是否为空，其算法思路如下：

① 将当前栈顶指针的值与之前初始化时设置的栈顶指针的值相比较。

② 若两者相等，则表示当前栈为空，否则表示当前栈不为空。

该算法思路对应的算法步骤如下：

① 判断栈顶指针 top 的值是否等于 -1。

② 若为真，则将 True 赋值给 iTop，表示当前栈为空。

③ 若为假，则将 False 赋值给 iTop，表示当前栈不为空。

④ 返回 iTop。

该算法的代码实现如下：

```
# 判断栈是否为空
def IsEmptyStack(self):
    if self.top = = -1:
        iTop = True
    else:
        iTop = False
    return iTop
```

(3) 进栈函数

SequenceStack 类的成员函数 PushStack(self,x) 用于将元素 x 进栈，其算法思路如下：

① 判断当前栈是否有剩余空间。

② 若当前栈未满，修改栈顶指针的值，使其指向栈的下一个空闲位置。

③ 将要进栈的元素放在上述空闲位置，进栈操作完成。

④ 若栈满则表示没有空间，无法执行进栈操作。

该算法思路对应的算法步骤如下：

① 判断栈顶指针 top 的值是否小于 MaxStackSize -1，即判断是否栈满。

② 若①为真，则执行③；否则执行④。

③ 将栈顶指针 top 的值加1，并将待进栈元素压入栈中。

④ 输出"栈满"，并结束操作。

该算法的代码如下：

```
# 进栈函数
def PushStack(self,x):
    if self.top < self.MaxStackSize-1:
```

```
            self.top = self.top + 1
            self.s[self.top] = x
        else:
            print("栈满!")
            return
```

(4) 出栈函数

SequenceStack 类的成员函数 PopStack(self) 可用于栈顶元素出栈,其算法思路如下:

① 判断栈是否为空,若栈空则无法执行出栈操作,给出栈为空的提示。
② 若栈不为空,则记下当前栈顶指针的值。
③ 修改栈顶指针的值,使其指向待出栈元素的下一个元素。
④ 返回第②步中记下的栈顶指针的值对应栈中的元素。

该算法思路对应的算法步骤如下:

① 判断栈是否为空,若为空,则输出"栈为空",并结束操作;否则执行②。
② 用 iTop 记下此时栈顶指针 top 的值,用于返回待出栈元素。
③ 将栈顶指针 top 的值减1。
④ 返回出栈元素 self.s[iTop]。

该算法的代码实现如下:

```
# 出栈函数
def PopStack(self):
    if self.IsEmptyStack():
        print("栈为空!")
        return
    else:
        iTop = self.top
        self.top = self.top - 1
        return self.s[iTop]
```

(5) 获取栈顶元素

SequenceStack 类的成员函数 GetTopStack(self) 可用于获取当前栈顶元素,其算法思路如下:

① 判断当前栈是否为空。
② 若当前栈为空,则无法获取任何栈顶元素,此时给出栈为空的提示,并结束操作。
③ 若不为空,则返回栈顶元素。

该算法思路对应的算法步骤如下:

① 使用 IsEmptyStack() 方法判断当前栈是否为空。
② 若①为真,则输出"栈为空",并结束操作;否则执行③。
③ 返回栈顶指针 top 指向的元素 self.s[self.top]。

该算法的代码实现如下:

```python
# 获取栈顶元素
def GetTopStack(self):
    if self.IsEmptyStack():
        print("栈为空!")
        return
    else:
        return self.s[self.top]
```

(6) 遍历栈内元素

SequenceStack 类的成员函数 StackTraverse(self) 可用于依次遍历栈内的元素，其算法思路如下：

① 判断栈是否为空，若为空，则栈内没有元素可以访问，此时给出栈为空的提示。

② 若栈不为空，则从栈底到栈顶依次访问栈中元素。

该算法思路对应的算法步骤如下：

① 判断栈是否为空，若栈为空，则输出"栈为空"，并结束操作；否则执行②。

② 使用变量 i 来指示当前元素的下标位置。

③ 从变量 i = 0 开始到 i = top 为止，执行④。

④ 将下标为 i 的元素输出，并输出两个空格。

该算法的代码如下：

```python
# 遍历栈内元素
def StackTraverse(self):
    if self.IsEmptyStack():
        print("栈为空!")
        return
    else:
        for i in range(0, self.top + 1):
            print(self.s[i], end = " ")
```

(7) 创建顺序栈

SequenceStack 类的成员函数 CreateStackByInput(self) 通过将用户输入的数据进栈，实现创建一个顺序栈，它的算法思路如下：

① 接收用户输入。

② 若①为结束标志"#"，则算法结束；否则执行③。

③ 将用户输入的数据元素进栈。

该算法思路对应的算法步骤如下：

① 将用户的输入存入变量 data 中。

② 若用户输入"#"，则输入结束；否则执行③。

③ 将用户输入的数据元素进栈，并转①。

该算法的代码如下：

```
# 创建一个顺序栈
def CreateStackByInput(self):
    data = input("请输入元素(继续请按回车键,结束按#键):")
    while data != "#":
        self.PushStack(data)
        data = input("请输入元素:")
```

视 频

链栈

4. 栈的链式存储

栈的顺序存储通常要求系统分配一组连续的存储单元，在实现时，对于某些语言而言，当栈满后想要增加连续的存储空间是无法实现的。在有些应用中，通常无法事先准确估计某一程序运行时所需的存储空间，若系统一次性为其分配的连续存储空间过多，而实际仅使用了极小一部分，就会造成存储空间极大的浪费。更为严重的是，若因这一程序占用过多的存储空间导致其他程序无法获得足够的存储空间而不能运行，这将极大地降低系统的整体性能。

因此，最理想的栈空间分配策略是程序需要使用多少存储空间就申请多少，我们可以考虑采用链式存储来实现这一理想的分配策略。即首先创建一个链栈（带头结点），有一个指示栈顶的结点 top，若有新元素需要入栈时，就向系统申请其所需的存储单元，元素存入后再与链栈的指示栈顶的结点 top 相连；若元素需要出栈，则先将指示栈顶的结点 top 的 next 指向待出栈元素的下一个元素所在的结点，然后再将待出栈元素所占的存储单元释放掉。

5. 链栈的基本操作

创建文件，在该文件中定义一个 StackNode 类和 LinkStack 类，实现 __init__(self)、IsEmptyStack(self)、PushStack(self,da)、PopStack(self)、GetTopStack(self) 和 CreateStackByInput(self) 这六个方法，其余方法读者可根据自己的需要实现。

（1）初始化结点

初始化结点可调用 StackNode 类的构造函数 __init__(self) 实现，其算法思路如下：

① 对结点的数据域进行初始化。

② 对结点的指针域进行初始化。

该算法思路对应的算法步骤如下：

① 将结点的 data 域初始化为 None。

② 将结点的 next 域初始化为 None。

实现代码如下：

```
#初始化结点
def __init__(self):
    self.data = None
    self.next = None
```

（2）初始化链栈

初始化链栈调用 LinkStack 类的构造函数 __init__(self) 实现，其算法思路如下：

① 创建一个链栈结点。

② 使用该结点对栈顶指针进行初始化。
该算法思路对应的算法步骤如下：
① 创建一个 StackNode 类的结点。
② 将栈顶指针 top 指向上述结点。
实现代码如下：

```
#初始化链栈
def __init__(self):
    self.top = StackNode()
```

(3) 判断链栈是否为空

调用 LinkStack 类的成员函数 IsEmptyStack(self) 来判断当前链栈是否为空，其算法思路如下：
① 判断指示栈顶的结点的指针域是否为空。
② 若①为真，则表示当前栈为空，否则表示当前栈不为空。
该算法思路对应的算法步骤如下：
① 判断栈顶指针 top 所指结点的 next 域的值是否等于 None。
② 若①为真，则将 True 赋值给 iTop；否则执行③。
③ 将 False 赋值给 iTop，并执行④。
④ 返回 iTop。
实现代码如下：

```
#判断链栈是否为空
def IsEmptyStack(self):
    if self.top.next == None:
        iTop = True
    else:
        iTop = False
    return iTop
```

(4) 进栈函数

LinkStack 类的成员函数 PushStack(self,da) 用于将元素 da 进栈，其算法思路如下：
① 创建一个新结点，并将待进栈的元素存入该结点的数据域中。
② 将新结点的指针域指向栈顶结点指针域指向的结点。
③ 将栈顶结点的指针域指向新结点。
该算法思路对应的算法步骤如下：
① 创建结点 tStackNode，并将要进栈的元素 da 放入该结点的 data 域。
② 令 tStackNode 结点 next 域的值为 self.top.next。
③ 修改栈顶结点 top 的 next，使其指向 tStackNode 结点。
实现代码如下：

```python
# 进栈函数
def PushStack(self,da):
    tStackNode = StackNode()
    tStackNode.data = da
    tStackNode.next = self.top.next
    self.top.next = tStackNode
    print("当前进栈元素为:",da)
```

(5) 出栈函数

LinkStack 类的成员函数 PopStack(self) 可用于栈顶元素出栈,其算法思路如下:

① 判断栈是否为空。
② 若①为真,则无法执行元素出栈操作;否则执行③。
③ 记下此时的栈顶结点指针域指向的结点。
④ 修改栈顶结点的指针域,在其中存入③中记下的结点指针域的值。
⑤ 将 data 域值为 da 的结点出栈。

该算法思路对应的算法步骤如下:

① 判断栈是否为空,若栈为空,则输出"栈为空!";否则执行②。
② 用 tStackNode 记下栈顶结点 top 的 next 指向的结点。
③ 修改栈顶结点 top 的 next 域,在其中存入 tStackNode.next。
④ 返回出栈元素 tStackNode.data。

实现代码如下:

```python
# 出栈函数
def PopStack(self):
    if self.IsEmptyStack():
        print("栈为空!")
        return
    else:
        tStackNode = self.top.next
        self.top.next = tStackNode.next
        return tStackNode.data
```

(6) 获取栈顶元素

LinkStack 类的成员函数 GetTopStack(self) 可用于获取栈顶元素,其算法思路如下:

① 判断栈是否为空。
② 若①为真,则执行③;否则执行④。
③ 给出栈为空的提示并返回。
④ 返回栈顶元素的值。

该算法思路对应的算法步骤如下:

① 判断栈是否为空,若栈为空,则输出"栈为空!";否则执行②。
② 输出栈顶结点 top 的 next 指向结点的 data 域的值 self.top.next.data。

实现代码如下:

```python
# 获取栈顶元素
def GetTopStack(self):
    if self.IsEmptyStack():
        print("栈为空!")
        return
    else:
        return self.top.next.data
```

(7) 创建一个链栈

LinkStack 类的成员函数 CreateStackByInput(self)通过将用户输入的数据进栈,从而实现创建链栈,它的算法思路如下:

① 接收用户输入。
② 若①为结束标志,则算法结束;否则执行③。
③ 将用户输入的数据元素进栈。

该算法思路对应的算法步骤如下:

(1) 将用户的输入存入变量 data 中。
(2) 若用户输入"#",则输入结束;否则执行③。
(3) 将用户输入的数据元素进栈,并转①。

实现代码如下:

```python
# 创建一个链栈
def CreateStackByInput(self):
    data = input("请输入元素:(继续按回车,结束按#键。)")
    while data != "#":
        self.PushStack(data)
        data = input("请输入元素:")
```

6. 栈的典型应用

回文单词最大的特点是从头至尾读和从尾至头读都是一样的,如 dad、madam、refer、level 等。下面使用顺序栈的基本操作来判断一个单词是否为回文单词。

如何判断一个单词是否为回文单词?要抓住该类单词的本质是从头至尾遍历和从尾至头遍历,其结果都是一样的。本题要求采用栈的基本操作来判断一个单词是否为回文单词。因此可以让待判断的单词中的每一个字母以从头至尾的顺序依次进入栈 A,同时让待判断的单词中的每一个字母以从尾至头的顺序依次进入栈 B。然后从栈顶开始,将栈 A 和栈 B 内的字母依次出栈并逐对进行比较。一旦比较的过程中出现不相等的情况,就说明该单词不是回文单词,可以立即结束判断。若直到栈空都没有出现元素不相等的情况,则说明该单词是回文单词。

基于上述分析,判断一个单词是否为回文单词的算法思路归纳如下:

① 将待判断的单词中每一个字母按从前往后的顺序依次压入栈 ss1。
② 将该单词中每一个字母按从后往前的顺序依次压入另一个栈 ss2。
③ 自栈顶开始,将栈 ss1 和 ss2 中的元素依次出栈并逐对进行比较。

④ 只要出现第一对不相等的元素，则说明该单词不是回文单词，程序结束。

⑤ 当比较到栈为空时程序并未结束，则说明从栈顶到栈底，这两个栈中元素是完全一致的，因此该单词是回文单词，输出相应提示信息并结束程序。

3.2.2 队列的基本操作及实现

队列也是一种特殊的线性表，与栈不同的是，队列在进行数据操作时必须遵循"先进先出（first in first out，FIFO）"的原则，这一特点决定了队列的基本操作需要在其两端进行。

视频
顺序队列

1. 队列的基本概念

队列（queue）的基本操作通常在队列的两端执行，其中执行插入元素操作的一端称为队尾（rear）；执行删除元素操作的一端称为队头（front）。队列中的元素个数即队列的长度，若队列中不包含任何元素，则称为队空（即队列中的元素个数为零），若队列中没有可用空间存储待进队元素，此时称为队满。

在队列中插入一个或多个数据元素的操作称为入队（进队），删除一个或多个数据元素的操作称为出队。图 3-19 是队列的进队和出队过程。

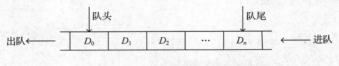

图 3-19　队列的进队和出队过程

2. 顺序队列的基本操作

队列的顺序存储是指采用一组物理上连续的存储单元来存放队列中的所有元素。为了便于计算队列中的元素个数，我们约定，队头指针指向实际队头元素所在位置的前一位置，队尾指针指向实际队尾元素所在的位置。

顺序队列中元素个数恒为 rear-front，其中队空和队满的条件如下：

队空条件：front == rear。

队满条件：rear + 1 == MaxQueueSize。

图 3-20 是顺序队列的基本操作。

首先创建文件，在该文件中定义了一个用于顺序队列基本操作的 SequenceQueue 类。

接下来，将具体实现 __init__(self)、IsEmptyQueue(self)、EnQueue(self, x)、DeQueue(self)、GetHead(self) 和 CreateQueueByInput(self) 这六个方法。其他方法，读者可根据自己的需要自行实现。

（1）初始化队列

调用 SequenceQueue 类的成员函数 __init__(self) 初始化一个队列，其算法思路如下：

① 对队列空间进行初始化。

② 对队头指针进行初始化。

③ 对队尾指针进行初始化。

该算法思路对应的算法步骤如下：

① 将长度为 MaxStackSize 的列表 s 的每个元素设置为 None。

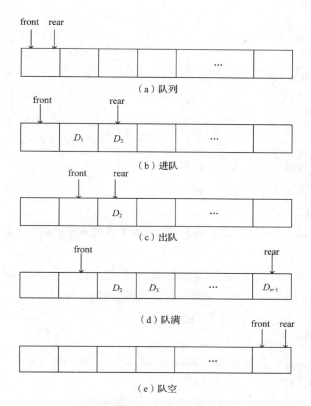

图 3-20 顺序队列的基本操作

② 设置队头指针 front 的初值为 0。

③ 设置队尾指针 rear 的初值为 0，此时 front 和 rear 的值相等，用以表示队列为空。

实现代码如下：

```
# 初始化顺序队列
def __init__(self):
    self.MaxQueueSize = 10
    self.s = [None for x in range(0, self.MaxQueueSize)]
    self.front = 0
    self.rear = 0
```

（2）判断队列是否为空

调用 SequenceQueue 类的成员函数 IsEmptyQueue(self) 来判断当前队列是否为空，其算法思路如下：

① 将队头指针的值与队尾指针的值相比较。

② 若两者相等则表示当前队列为空，否则表示当前队列不为空。

该算法思路对应的算法步骤如下：

① 将队头指针 front 与队尾指针 rear 相比较。

② 若①为真，则将 True 赋值给 iQueue；否则执行③。

③ 将 False 赋值给 iQueue。

④ 返回 iQueue。

实现代码如下：

```python
#判断队列是否为空
def IsEmptyQueue(self):
    if self.front = = self.rear:
        iQueue = True
    else:
        iQueue = False
    return iQueue
```

(3) 元素进队函数

SequenceQueue 类的成员函数 EnQueue(self,x) 用于将元素 x 进队，其算法思路如下：
① 判断当前队列是否有剩余空间。
② 若当前队列未满，修改队尾指针的值，使其指向队列的下一个空闲位置。
③ 将要进队的元素放在上述空闲位置，进队操作完成。
④ 若队满，则表示没有空间用于执行进队操作。

该算法思路对应的算法步骤如下：
① 判断队尾指针 rear 的值是否小于 MaxQueueSize − 1（即判断是否队满）。
② 若①为真，则执行③；否则执行④。
③ 将队尾指针 rear 加 1，并将待进队元素压入队列中。
④ 输出"队列已满，无法进队!"，并结束操作。

实现代码如下：

```python
# 进队函数
def EnQueue(self,x):
    if(self.rear < self.MaxQueueSize-1):
        self.rear = self.rear +1
        self.s[self.rear] = x
        print("当前进队元素为:",x)
    else:
        print("队列已满,无法进队!")
        return
```

(4) 元素出队函数

SequenceQueue 类的成员函数 DeQueue(self) 可用于队头元素出队，其算法思路如下：
① 判断队列是否为空，若队空则无法执行出队操作，并提示队列为空。
② 若队列不为空，则修改队头指针的值，使其指向待出队元素。
③ 返回待出队元素。

该算法思路对应的算法步骤如下：
① 判断队列是否为空。
② 若①为真，则输出"队列为空，无法出队!"，并结束操作；否则执行③。

③ 将队头指针 front 的值加 1，使其指向待出队元素。
④ 返回出队元素 self. s[self. front]。
实现代码如下：

```
# 出队函数
def DeQueue(self):
    if self.IsEmptyQueue():
        print("队列为空,无法出队!")
        return
    else:
        self.front = self.front + 1
        return self.s[self.front]
```

(5) 获取队头元素

SequenceQueue 类的成员函数 GetHead(self)可用于获取当前队头元素，其算法思路如下：
① 判断当前队列是否为空。
② 若①为真，则无法获取任何队头元素，此时给出队列为空的提示，并结束操作；否则执行③。
③ 返回当前队头元素。
该算法思路对应的算法步骤如下：
① 判断当前队列是否为空。
② 若①为真，则输出"队列为空，无法输出队头元素！"；否则执行③。
③ 返回队头指针 front 加 1 后指向的元素 self. s[self. front + 1]（即为队头元素）。
实现代码如下：

```
# 获取队头元素
def GetHead(self):
    if self.IsEmptyQueue():
        print("队列为空,无法输出队头元素!")
        return
    else:
        return self.s[self.front + 1]
```

(6) 创建一个顺序队列

SequenceQueue 类的成员函数 CreateQueueByInput(self)通过将用户输入的数据进队，从而实现创建队列，它的算法思路如下：
① 接收用户输入。
② 若①为结束标志，则算法结束；否则执行③。
③ 将用户输入的数据元素进队。
该算法思路对应的算法步骤如下：
① 将用户的输入存入变量 data 中。
② 若用户输入"#"，则输入结束；否则执行③。
③ 将用户输入的数据元素进队，并转①。

实现代码如下:

```
# 创建顺序队列
def CreateQueueByInput(self):
    data = input("请输入元素(继续请按回车,结束请按#键):")
    while data ! = "#":
        self.EnQueue(data)
        data = input("请输入元素:")
```

3. 链式队列的基本操作

与栈的顺序存储一样,队列的顺序存储不适合某些应用场景。接下来介绍链式存储结构的队列。

图 3-21 为顺序队列的基本操作,创建一个链式队列,该队列没有存入任何元素,因此,队头指针 front 和队尾指针 rear 指向结点的 data 域和 next 域均为空。

视 频
链式队列

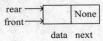
图 3-21 创建一个队列

接下来介绍链式队列的基本操作。创建文件,在该文件中定义一个 QueueNode 类和 LinkQueue 类。初始化结点可调用 QueueNode 类的构造函数__init__(self)实现,其算法思路如下:

① 对结点的数据域进行初始化。
② 对结点的指针域进行初始化。

该算法思路对应的算法步骤如下:

① 将结点的 data 域初始化为 None。
② 将结点的 next 域初始化为 None。

实现代码如下:

```
# 初始化结点
def __init__(self):
    self.data = None
    self.next = None
```

接下来定义 LinkQueue 类,实现__init__(self)、IsEmptyQueue(self)、EnQueue(self,x)、DeQueue(self)、GetHead(self)和 CreateQueueByInput(self)这六个方法,其余方法读者可根据自己的需要实现。

(1) 初始化链式队列

初始化链式队列可调用 LinkQueue 类的成员函数__init__(self)实现,其算法思路如下:

① 创建一个新结点。
② 初始化队头指针使其指向新结点。
③ 初始化队尾指针使其指向新结点。

该算法思路对应的算法步骤如下:

① 创建结点并用 tQueueNode 指向。
② 设置队头指针 front 指向 tQueueNode 所在结点。

③ 设置队尾指针 rear 指向 tQueueNode 所在结点，此时队头指针与队尾指针均指向同一结点（即表示队列为空）。

实现代码如下：

```python
# 初始化链式队列
def __init__(self):
    tQueueNode = QueueNode()
    self.front = tQueueNode
    self.rear = tQueueNode
```

（2）判断链式队列是否为空

调用 LinkQueue 类的成员函数 IsEmptyQueue(self) 来判断当前队列是否为空，其算法思路如下：
① 判断队头指针和队尾指针是否相等。
② 若相等则表示当前队列为空，否则表示当前队列不为空。

该算法思路对应的算法步骤如下：
① 判断队头指针 front 与队尾指针 rear 是否相等。
② 若①为真，则将 True 赋值给 iQueue；否则执行③。
③ 将 False 赋值给 iQueue。
④ 返回 iQueue。

实现代码如下：

```python
# 判断队列是否为空
def IsEmptyQueue(self):
    if self.front == self.rear:
        iQueue = True
    else:
        iQueue = False
    return iQueue
```

（3）进队函数

LinkQueue 类的成员函数 EnQueue(self,da) 用于将元素 da 进队，其算法思路如图 3-22 所示。

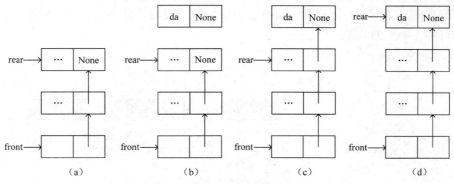

图 3-22　元素 da 进队过程

① 在图 3-22（a）所示的链式队列中，创建一个新结点，并将待进队的元素存入该结点的

数据域中，其效果如图 3-22（b）所示。

② 将新结点的地址存入队尾指针指向的结点的指针域中，这一过程可参考图 3-22（c）。

③ 将队尾指针指向新结点，这一过程可参考图 3-22（d）所示。

该算法思路对应的算法步骤如下：

① 创建结点 tQueueNode。

② 将待进队元素 da 存入 tQueueNode 结点的 data 域。

③ 修改 rear 结点的 next 域，将其指向 tQueueNode 结点。

④ 修改队尾指针 rear，将其指向 tQueueNode 结点。

实现代码如下：

```
# 进队函数
def EnQueue(self,da):
    tQueueNode = QueueNode()
    tQueueNode.data = da
    self.rear.next = tQueueNode
    self.rear = tQueueNode
    print("当前进队元素为:",da)
```

（4）出队函数

LinkQueue 类的成员函数 DeQueue(self) 可用于队头元素出队。在进行出队操作时，不论队列中有多少个元素，其操作过程都是一致的。但若链式队列中只有一个元素，则进行出队操作后队列为空，此时需要加一步对队尾指针的处理。

因此，接下来以链式队列中只有一个元素的情况为例，对出队操作加以说明，如图 3-23 所示。

① 判断队列是否为空，若队列为空，则无法执行出队操作，如图 3-23（a）所示，此时给出队列为空的提示；否则执行②。

② 记下队头指针指向的结点的下一个结点，这一过程可参考图 3-23（b）。

③ 修改队头指针指向的结点的指针域，在其中存入②中记下结点的指针域的值，这一过程可参考图 3-23（c）。

④ 判断队尾指针所在结点是否等于②中记下的结点。

⑤ 若④为真，则修改队尾指针，将其指向队头指针指向的结点（避免队尾指针的丢失），这一过程可参考图 3-23（d）。

⑥ 返回出队元素。

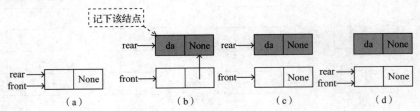

图 3-23　元素 da 出队过程

该算法思路对应的算法步骤如下：

① 判断当前队列是否为空。
② 若①为真，则输出"队列为空，无法出队！"，并结束操作；否则执行③。
③ 用 tQueueNode 记下 front 结点的 next 域指向的结点。
④ 修改 front 结点的 next，将其指向 tQueueNode 结点的 next 指向的结点。
⑤ 判断 rear 结点是否等于 tQueueNode 结点。
⑥ 若⑤为真，则修改队尾指针 rear，将其指向 front 结点。
⑦ 返回 tQueueNode. data。

实现代码如下：

```
# 出队函数
def DeQueue(self):
    if self.IsEmptyQueue():
        print("队列为空,无法出队!")
        return
    else:
        tQueueNode = self.front.next
        self.front.next = tQueueNode.next
        if self.rear == tQueueNode:
            self.rear = self.front
        return tQueueNode.data
```

（5）获取队头元素

LinkQueue 类的成员函数 GetHead(self)可用于获取当前队头元素，其算法思路如下：
① 判断队列是否为空。
② 若①为真，则无法获取队头元素，提示队列为空，并结束操作；否则执行③。
③ 返回队头元素的值。

该算法思路对应的算法步骤如下：
① 判断当前队列是否为空。
② 若①为真，则输出"队列为空！"，并结束操作；否则执行③。
③ 返回 front 结点的 next 指向的结点的 data 域（即 self.front.next.data）。

实现代码如下：

```
# 获取队头元素
def GetHead(self):
    if self.IsEmptyQueue():
        print("队列为空!")
        return
    else:
        return self.front.next.data
```

（6）创建一个链式队列

LinkQueue 类的成员函数 CreateQueueByInput(self)通过将用户输入的数据进队，从而实现创建队列，它的算法思路如下：

① 接收用户输入。
② 若①为结束标志，则算法结束；否则执行③。
③ 将用户输入的数据元素进队。

该算法思路对应的算法步骤如下：
① 将用户的输入存入变量 data 中。
② 若用户输入 "#"，则输入结束；否则执行③。
③ 将用户输入的数据元素进队，并转①。

实现代码如下：

```python
# 创建链式队列
def CreateQueueByInput(self):
    data = input("请输入元素:(继续按回车,结束按#键。)")
    while data ! = "#":
        self.EnQueue(data)
        data = input("请输入元素:")
```

任务实现

●视 频

括号找搭档

1. 创建文件 ex3_2.py

在文件中编写括号找搭档程序。

2. 代码实现

```python
# 用栈和队列技术实现"括号找搭档"
class Node(object):
    # 初始化
    def __init__(self, val):
        self.val = val
        self.next = None


class LinkedStack(object):
    def __init__(self):
        self.top = None

    # 判断栈是否为空
    def empty(self):
        return self.top is None

    # 入栈函数
    def push(self, element):
        newNode = Node(element)
        # 新节点的直接后继指向栈顶指针
        newNode.next = self.top
        # 将栈顶指针指向新节点
```

```python
        self.top = newNode

    # 出栈函数
    def pop(self):
        if self.empty():
            raise IndexError("栈为空")
        else:
            # temp 存储栈顶元素
            temp = self.top
            # 指向栈顶的下一个元素
            self.top = self.top.next
            # 返回栈顶元素
            return temp

    # 获取栈顶元素
    def peek(self):
        if self.empty():
            raise IndexError("栈为空")
        # 栈不为空，返回栈顶元素
        else:
            return self.top.val


class Match(object):
    def __init__(self, str):
        # 接收传进的字符串
        self.str = str

    # 判断括号是否匹配
    def match(self):
        stack = LinkedStack()
        arr = list(self.str)
        for i in range(len(arr)):
            # 如果字符为'(', '[', '{'，将其入栈
            if arr[i] == '(' or arr[i] == '[' or arr[i] == '{':
                stack.push(arr[i])
            # 如果字符为')'
            elif arr[i] == ')':
                # 判断其是否为空栈，如果为空，说明匹配失败，返回False
                if stack.empty():
                    return False
                # 否则，判断栈顶元素是否为'('，如果栈顶元素为'('，将其出栈
                else:
                    if stack.peek() == '(':
```

```
                        stack.pop()
            elif arr[i]=='}':
                if stack.empty():
                    return False
                else:
                    if stack.peek()=='{':
                        stack.pop()
            elif arr[i]==']':
                if stack.empty():
                    return False
                else:
                    if stack.peek()=='[':
                        stack.pop()
        #如果栈为空,说明全部括号匹配成功,返回True
        if stack.empty():
            return True
        #如果栈不为空,说明尚有括号匹配不成功,返回False
        else:
            return False

if __name__=='__main__':
    str1='(1,22,15,[3,[7]),(#)'
    m=Match(str1)
    print(m.match())

    str2='{[-],([5],8,4}'
    m=Match(str2)
    print(m.match())

    str3='{([#],([2],3,1),7)}'
    m=Match(str3)
    print(m.match())
```

习题

1. 对于一个顺序栈,栈中能存储的元素个数最多不超过正整数 MaxStackSize(栈顶指针 top 的初值为 -1),对于栈满条件的判断应该为( )。

  A. top!=MaxStackSize-1 B. top!=MaxStackSize

  C. top<MaxStackSize   D. top<MaxStackSize-1

2. 让元素 a、b、c、d、e 依次进入一个链式栈中,则出栈的顺序不可能是( )。

  A. e、d、c、b、a B. d、c、a、b、e C. b、a、e、d、c D. b、c、e、d、a

3. 设栈 S 和队列 Q 的初始状态均为空,元素 a、b、c、d、e、f、g 依次进入栈 S。若每个元素出栈后立即进入队列 Q，且七个元素出队的顺序是 b、d、c、f、e、a、g，则栈 S 的容量至少是（　　）。

  A. 1   B. 2   C. 3   D. 4

4. 栈和队列的共同点是（　　）。

  A. 数据操作遵循"先进先出"原则   B. 数据操作遵循"后进先出"原则
  C. 都是操作受限的线性表   D. 以上都不对

5. 带头结点的链式队列，其队头指针指向实际队头元素所在结点的前一个结点，其队尾指针指向队尾结点，则在进行出队操作时（　　）。

  A. 修改队头指针   B. 修改队尾指针
  C. 队头和队尾指针都要修改   D. 队头和队尾指针可能都要修改

任务 3.3　用串技术实现"数据加密"

任务描述

  数据加密是保存数据的一种方法，它通过加密算法和密钥将数据从明文转换为密文。假设当前开发的程序中需要对用户的密码进行加密处理，已知用户的密码均为六位数字，其加密规则如下：

  ① 获取每个数字的 ASCII 值；

  ② 将所有数字的 ASCII 值进行累加求和；

  ③ 将每个数字对应的 ASCII 值按照从前往后的顺序进行拼接，并将拼接后的结果进行反转；

  ④ 将反转的结果与前面累加的结果相加，所得的结果即为加密后的密码。

  本任务要求编写程序，按照上述加密规则将用户输入的密码进行加密，并输出加密后的密码。

学习目标

知识目标	掌握串、数组和矩阵的基本概念、操作和应用
能力目标	能够理解串的基本概念； 能够理解串的存储原理； 能够实现串的基本操作； 能够理解数组和矩阵的基本概念； 能够运用串、数组和矩阵数据结构实现任务
素质目标	提升数据安全意识； 提高自主学习的能力； 培养精益求精的工匠精神

知识学习

线性表是一种常用的数据结构。本章从线性表的基本概念入手，根据线性表存储方式的不同，详细介绍串的顺序存储和链式存储。

3.3.1 串的基本操作及实现

视 频

顺序串

字符串通常被称为串，根据存储方式的不同，串可以分为顺序串和链串，下面我们分别学习这两种串的基本操作及实现方法。

1. 串的基本概念

串是由数字、字母或其他字符组成的有限序列，一般记为 StringName = "a[0]a[1]a[2]…a[i]…a[n-1]"($n \geq 0, 0 \leq i \leq n-1$)。

其中 StringName 是串名，双引号内的序列是该串的值，n 为串的长度，i 为某一字符在该串中的下标。

下面介绍串的几种常用术语。

① 串的长度：串中包含的字符个数即为串的长度。

例如：StringHM = "HuiMin"，该字符串的长度为 6。

② 空串：串中不包含任何字符时被称为空串，此时串的长度为 0。

例如：StringBlank = ""，该字符串为空串，其长度为 0。

③ 空格串：由一个或多个空格组成的串被称为空格串，它的长度为串中空格的个数。

例如：StringBlank = " "，该字符串为仅含一个空格的空格串，故其长度为 1。

④ 子串：串中任意个连续字符组成的子序列被称为该串的子串。空串是任意串的子串。

例如：StringH = "Hui"，该字符串的所有子串共有七个，分别为 StringH_1 = ""，StringH_2 = "H"，StringH_3 = "u"，StringH_4 = "i"，StringH_5 = "Hu"，StringH_6 = "ui"，StringH_7 = "Hui"。

⑤ 主串：包含子串的串被称为主串。

例如：对于 StringHM = "HuiMin" 和 StringH = "Hui"，字符串 StringHM 为字符串 StringH 的主串。

⑥ 真子串：串的所有子串中，除其自身外，其他子串都称为该串的真子串。

例如：StringH = "Hui"，该字符串的所有子串共有 7 个，分别为 StringH_1 = ""，StringH_2 = "H"，StringH_3 = "u"，StringH_4 = "i"，StringH_5 = "Hu"，StringH_6 = "ui"，StringH_7 = "Hui"。

除 StringH_7 以外，其他子串 StringH_1 ~ StringH_6 均为 StringH 的真子串。

⑦ 子串的位置：子串的第一个字符在主串中对应的位置被称为子串在主串中的位置，简称子串的位置。

例如：对于 StringHM = "HuiMin" 和 StringH = "Hui"，子串 StringH 在主串 StringHM 中的位置为 0。

⑧ 串相等：当两个串的长度相等且对应位置的字符依次相同时，我们称这两个串是相等的。

例如：对于 StringH = "Hui" 和 StringM = "Hui"，串 StringH 和串 StringM 相等。

2. 顺序串的基本操作

所谓串的顺序存储（以下简称顺序串），就是采用一组物理上连续的存储单元来存放串中所有字符，如图 3-24 所示。

链串

图 3-24 串的顺序存储

创建文件，在该文件中定义了一个用于顺序串基本操作的类 StringList。将给出__init__(self)、IsEmptyString(self)、CreateString(self)、StringConcat(self, strSrc) 和 SubString(self, iPos, length) 这五个方法的具体实现。

（1）初始化串

调用 StringList 类的成员函数 __init__(self) 初始化一个顺序串，其算法思路如下：

① 对串的存储空间进行初始化。

② 对串进行初始化。

该算法思路对应的算法步骤如下：

① 设置顺序串能存储的字符个数 MaxStringSize 最多为 256。

② 令串为空，并将串的长度设置为 0。

实现代码如下：

```
# 初始化顺序串
def __init__(self):
    self.MaxStringSize = 256
    self.chars = ""
    self.length = 0
```

（2）判断串是否为空

调用 StringList 类的成员函数 IsEmptyString(self) 来判断当前串是否为空，其算法思路如下：

① 判断当前串的长度是否等于 0。

② 若为 0，则表示当前串为空，否则表示当前串不为空。

该算法思路对应的算法步骤如下：

① 判断当前串的长度 self.length 是否等于 0。

② 若①为真，表示当前串为空，将 True 赋值给 IsEmpty；否则执行③。

③ 此时串不为空，将 False 赋值给 IsEmpty。

④ 返回 IsEmpty。

实现代码如下:

```
#判断串是否为空
def IsEmptyStirng(self):
    if self.length = =0:
        IsEmpty = True
    else:
        IsEmpty = False
    return IsEmpty
```

(3) 创建顺序串

调用 StringList 类的成员函数 CreateString(self)来创建一个串,其算法思路如下:

① 接收用户输入的字符序列。
② 判断用户输入的字符序列的长度是否大于串的最大存储空间。
③ 若②为真,则将用户输入的字符序列超过的部分截断后赋值给当前串,否则执行④。
④ 将输入的字符序列赋值给当前串。

该算法思路对应的算法步骤如下:

① 用 stringSH 接收用户输入的字符序列。
② 判断 stringSH 的长度是否大于串的最大存储空间。
③ 若②为真,则将 stringSH 长为 MaxStringSize 的部分赋值给 self.chars;否则执行④。
④ 将 stringSH 存入 self.chars 中。

实现代码如下:

```
#创建顺序串
def CreateString(self):
    stringSH = input("请输入字符串,按回车结束:")
    if len(stringSH) > self.MaxStringSize:
        print("输入的字符序列超过分配的存储空间,超过的部分无法存入当前串中。")
        self.chars = stringSH[:self.MaxStringSize]
    else:
        self.chars = stringSH
```

(4) 串的连接函数

StringList 类的成员函数 StringConcat(self,strSrc)可用于将两个串连接,其算法思路如下:

① 计算当前串的长度与待连接串的长度之和,判断其是否小于或等于当前串的最大存储空间。
② 若①为真,则将待连接串置于当前串的末尾,使其成为当前串的一部分,否则执行③。
③ 将当前串与待连接串组成的新串超过当前串最大存储空间的部分截去,此时当前串之后为待连接串剩下的部分。

该算法思路对应的算法步骤如下:

① 用 lengthSrc 获取待连接串的长度。
② 用 stringSrc 获取待连接串的字符序列。

③ 判断当前串的长度加上 lengthSrc 的结果是否小于等于 MaxStringSize。
④ 若③为真，则直接将待连接串连接到当前串的末尾；否则执行⑤。
⑤ 用 size 获取当前串的剩余存储空间。
⑥ 从待连接串的起始位置开始截取长度为 size 的子串，将其连接到当前串的末尾。
⑦ 输出当前串。

实现代码如下：

```
# 串的连接
def StringContact(self,strSrc):
    lengthSrc = strSrc.length
    stringSrc = strSrc.chars
    if lengthSrc + len(self.chars) <= self.MaxStringSize:
        self.chars = self.chars + stringSrc
    else:
        print("两个字符串连接后的长度超过分配的内存,超出的部分将无法显示。")
        size = self.MaxStringSize - len(self.chars)
        self.chars = self.chars + stringSrc[0:size]
    print("连接后的字符串为:",self.chars)
```

(5) 获取子串函数

StringList 类的成员函数 SubString(self, iPos, length)可用于从串的指定位置 iPos 开始，获取长度为 length 的子串，其算法思路如下：

① 判断指定的位置及指定的长度是否可以进行子串的获取。
② 若①为假，则输出无法获取子串的提示；否则执行③。
③ 从指定位置开始获取指定长度的子串，并输出获取的子串。

该算法思路对应的算法步骤如下：

① 判断指定位置是否大于当前串的长度减 1 或小于 0，判断指定的长度是否小于 1 或指定的位置加上指定的长度大于串的长度。
② 若①为真，则输出无法获取子串的提示；否则执行③。
③ 从当前串的 iPos 开始，获取长度为 length 的子串。
④ 输出获取的子串。

实现代码如下：

```
# 获取子串
def SubString(self,iPos,length):
    if iPos > len(self.chars) - 1 or iPos < 0 or length < 1 or (length + iPos) > len(self.chars):
        print("无法获取子串!")
    else:
        substr = self.chars[iPos:iPos + length]
        print("获取的子串为:",substr)
```

3. 链串的基本操作

在串的链式存储中，每个结点可以存放一个或多个字符，将每个结点存放的字符个数称为结点长度（也称"结点大小"）。

通常以整个串为对象对其进行相关操作，因此在对串进行存储时，需合理选择结点长度，此时就需要考虑串的存储密度，其定义如下：

$$串的存储密度 = \frac{串所占的存储位}{实际分配的存储位}$$

由上述定义可以看出，对某一定长串而言，存储密度越大，实际分配的存储位（即所占用的存储空间）就越小，但在实现串的基本操作（如插入、删除和替换等）时可能会导致大量字符的移动；而存储密度越小，所占用的存储空间就越大，但在实现串的基本操作时则不会导致大量字符的移动。

下面介绍链串的一些基本操作。

（1）初始化结点

创建文件，在该文件中定义一个 StringNode 类，可调用 StringNode 类的构造函数 __init__(self) 实现结点的初始化，其算法思路如下：

① 对结点的数据域进行初始化。
② 对结点的指针域进行初始化。

该算法思路对应的算法步骤如下：

① 将结点的 data 域初始化为 None。
② 将结点的 next 域初始化为 None。

实现代码如下：

```python
# 初始化结点
def __init__(self):
    self.data = None
    self.next = None
```

（2）初始化串

接下来，创建 StringLink 类，将具体实现 __init__(self)、CreateString(self)、StringCopy(self, strSrc) 和 StringConcat(self, strSrc) 这四个方法。

调用 StringLink 类的成员函数 __init__(self) 初始化一个链串，其算法思路如下：

① 对链串的头指针进行初始化。
② 对链串的尾指针进行初始化。
③ 对链串的长度进行初始化。

该算法思路对应的算法步骤如下：

① 创建一个 StringNode 类的结点。
② 使用该结点对链串的头指针进行初始化。
③ 将头指针的值赋值给链串的尾指针。
④ 将链串的长度设置为 0。

实现代码如下：

```
# 初始化链串
def __init__(self):
    self.head = StringNode()
    self.tail = self.head
    self.length = 0
```

(3) 创建一个链串

调用 StringLink 类的成员函数 CreateString(self) 创建一个链串,其算法思路如下:

① 接收用户输入的串。
② 判断当前串的长度是否小于①中串的长度。
③ 若②为真,则执行④~⑦;否则结束函数。
④ 创建一个新结点。
⑤ 将串中的字符放入新结点的数据域中。
⑥ 将新结点链入当前链串中。
⑦ 将链串的长度加1,并转②。

该算法思路对应的算法步骤如下:

① 用 stringSH 变量接收用户输入的字符串。
② 判断当前串的长度是否小于 len(stringSH)。
③ 若②为真,则执行④~⑧;否则结束函数。
④ 创建一个名为 Tstring 的结点,该结点为 StringNode 类的对象。
⑤ 令 Tstring.data = stringSH[self.length]。
⑥ 将 Tstring 结点的地址存入尾指针指向结点的 next 域。
⑦ 将尾指针指向 Tstring 结点。
⑧ 将当前串的长度加1,并转②。

实现代码如下:

```
# 创建串
def CreateString(self):
    stringSH = input("请输入字符串,按回车结束:")
    while self.length < len(stringSH):
        Tstring = StringNode()
        Tstring.data = stringSH[self.length]
        self.tail.next = Tstring
        self.tail = Tstring
        self.length = self.length + 1
```

(4) 串的复制函数

调用 StringLink 类的成员函数 StringCopy(self, strSrc) 将一个链串 strSrc 复制到当前链串 strDest。

由上述链串复制的操作可知,其对应的算法思路如下:

① 修改当前串的头指针,使其指向待复制串的头指针指向的结点。

② 修改当前串的尾指针，使其指向待复制串的尾指针指向的结点。

③ 修改当前串的长度，使其等于待复制串的长度。

该算法思路对应的算法步骤如下：

① 修改当前串的头指针 self.head，使其指向待复制串的头指针 strSrc.head 指向的结点。

② 修改当前串的尾指针 self.tail，使其指向待复制串的尾指针 strSrc.tail 指向的结点。

③ 修改当前串的长度 self.length，使其等于待复制串的长度 strSrc.length。

实现代码如下：

```
#链串的复制
def StringCopy(self,strSrc):
    self.head = strSrc.head
    self.tail = strSrc.tail
    self.length = strSrc.length
```

（5）串的连接函数

调用 StringLink 类的成员函数 StringConcat(self,strSrc) 将一个链串 strSrc 连接到当前链串 strDest 的末尾。

由上述链串连接的操作可知，其对应的算法思路如下：

① 借助于当前串的尾指针来修改其所指结点的 next，即将待连接串头指针所指结点的直接后继结点存入 next 中。

② 修改当前串的尾指针，使其指向待连接串尾指针指向的结点。

③ 修改当前串的长度，使其等于当前串的长度与待连接串的长度之和。

该算法思路对应的算法步骤如下：

① 将当前串的 tail.next 指向待连接串 strSrc 的 head.next。

② 修改 self.tail，使其指向待连接串 strSrc 的尾指针指向的结点。

③ 修改 self.length，使其等于 self.length + strSrc.length。

实现代码如下：

```
#链串的连接
def StringConcat(self,strSrc):
    self.tail.next = strSrc.head.next
    self.tail = strSrc.tail
    self.length = self.length + strSrc.length
```

另外，我们还可以编写判断链串是否为空函数和遍历链串函数，进行代码的综合运行和调试。

实现代码如下：

```
#判断串是否为空
def IsEmptyString(self):
    if self.head.next = = None:
        IsEmpty = True
```

```
        else:
            IsEmpty = False
        return IsEmpty

    #遍历链串
    def StringTraverse(self):
        if self.IsEmptyString():
            print("链串为空!")
        else:
            Tstring = self.head.next
            while Tstring != None:
                print(Tstring.data,end = "")
                Tstring = Tstring.next
```

4. 串的模式匹配

我们把在串 S 中寻找与串 T 相等的子串的过程称为串的模式匹配,其中串 S 被称为主串或正文串,串 T 被称为模式串。若在串 S 中找到与串 T 相等的子串,则匹配成功;否则匹配失败。

下面介绍两种基于顺序串实现模式匹配的方法,一种为简单的模式匹配算法[BF(Bruce-Force)算法],另一种为改进后的模式匹配算法(KMP 算法)。

(1) BF 算法

假设有主串 S 和模式串 T,要求使用 BF 算法从主串 S 的指定位置 pos 处开始进行模式匹配,其对应的算法思路如下:

① 用 i 和 j 分别指示主串 S 和模式串 T 当前待比较字符的位置,初始时,i 为主串 S 的指定位置 pos,j 为模式串 T 的第一个字符的位置。

② 若模式串 T 中仍存在未比较的字符且主串 S 中剩余未比较的字符序列的长度大于或等于模式串 T 的长度,则执行③~⑦;否则执行⑧。

③ 记下当前主串 S 的下标 i。

④ 判断两个串当前位置的字符是否相等。

⑤ 若④为真,则执行⑥;否则执行⑦。

⑥ 将 i 和 j 分别执行加 1 操作,并转④。

⑦ 将③中的值加 1 并赋值给 i,再将 j 的值修改为 0(此时 j 指示模式串 T 的第一个字符);转②,重新进行匹配。

⑧ 输出模式匹配失败的提示。

实现代码如下:

```
#BF算法
def IndexBF(self,pos,T):
    count = 0      #用于统计匹配次数
    length = T.GetStringLength()
    if len(self.chars) < length:
        print("模式串的长度大于主串的长度,无法进行字符串的模式匹配。")
```

```
        else:
            i = pos
            string = T.GetString()
            while (i <= len(self.chars)-length):
                iT = i
                j = 0
                tag = False
                while j < length:
                    if self.chars[i] == string[j]:
                        i = i + 1
                        j = j + 1
                    else:
                        break
                if j == length:
                    print("匹配成功！模式串在主串中首次出现的位置为",iT)
                    tag = True
                    break
                else:
                    i = iT + 1
                    count = count + 1
        if tag == False:
            print("匹配失败！")
        print("使用BF算法共进行了",count + 1,"次匹配")
```

为了验证BF算法的正确性，我们编写了一个TestIndex类，并在其中设计一个创建主串和模式串的方法，其思路如下：

① 创建主串并输出。
② 创建模式串并输出。
③ 由用户输入匹配的起始位置。
④ 调用IndexBF()函数。

该算法思路对应的算法步骤如下：

① 创建一个名为S的StringList()类的对象。
② 由S调用CreateStringList()函数创建主串。
③ 由S调用StringTraverse()函数输出主串。
④ 创建一个名为T的StringList()类的对象。
⑤ 由T调用CreateStringList()函数创建模式串。
⑥ 由T调用StringTraverse()函数输出模式串。
⑦ 由用户输入匹配的起始位置，并存入变量pos。
⑧ 执行S.IndexBF(pos,T)测试BF算法的正确性。

（2）KMP算法

BF算法思路简单，便于读者理解，但在执行时效率太低。

例如，在图 3-25 BF 算法的匹配过程中，串 S 和串 T 匹配的过程中，当第一次匹配失败后，需再次回退到主串 S 的第二个字符 'e' 进行匹配。但事实上我们可以跳过此次匹配，直接开始第三次匹配，之所以可以跳过第二次匹配是因为在第一次匹配中已经匹配成功的字符为主串 S 中的子串 t = "de"，子串 t 中除第一个字符是 'd' 以外，其他字符均不为 'd'。

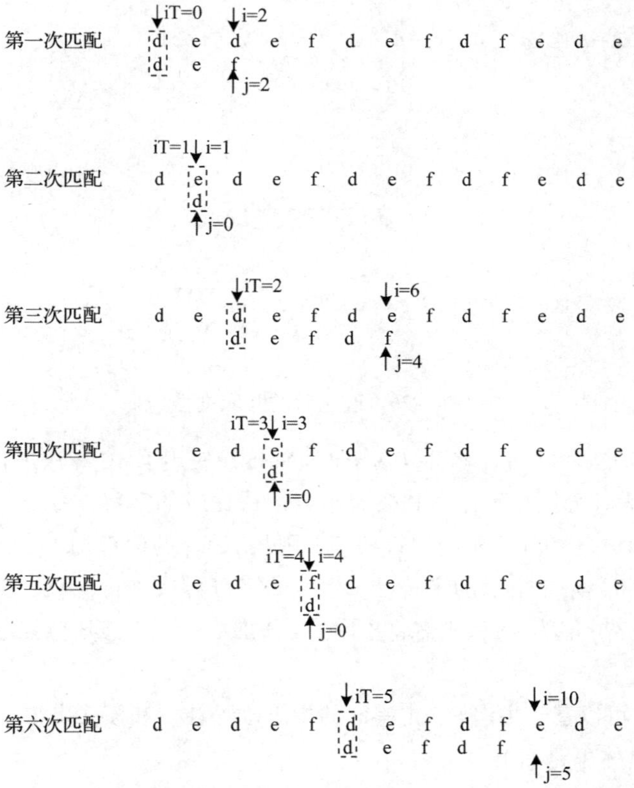

```
                ↓iT=0  ↓i=2
     第一次匹配    d  e  d  e  f  d  e  f  d  f  e  d  e
                d  e  f
                      ↑j=2

                   iT=1↓i=1
     第二次匹配    d  e  d  e  f  d  e  f  d  f  e  d  e
                   d
                   e  f
                   ↑j=0

                      ↓iT=2        ↓i=6
     第三次匹配    d  e  d  e  f  d  e  f  d  f  e  d  e
                      d  e  f  d  f
                                  ↑j=4

                         iT=3↓i=3
     第四次匹配    d  e  d  e  f  d  e  f  d  f  e  d  e
                         d
                         ↑j=0

                            iT=4↓i=4
     第五次匹配    d  e  d  e  f  d  e  f  d  f  e  d  e
                            d
                            ↑j=0

                               ↓iT=5           ↓i=10
     第六次匹配    d  e  d  e  f  d  e  f  d  f  e  d  e
                               d  e  f  d  f
                                           ↑j=5
```

图 3-25 BF 算法的匹配过程

那么为什么我们可以判定子串 t 中只有第一个字符是 'd' 呢？这是因为子串 t 与模式串 T = "defdf" 的前两个字符是匹配的，所以不需要将主串 S 的第二个字符 'e' 与模式串 T 的第一个字符 'd' 进行比较，即再次回退到主串 S 的第二个字符 'e' 进行匹配（第二次匹配）是多余的。

同理，在第三次匹配中，当 i = 6、j = 4 匹配失败后，第四次匹配时又从 i = 3、j = 0 重新比较，然而仔细观察会发现第四、五次匹配是不必要的，并且在第六次匹配中，主串中的 'd' 与模式串中的 'd' 的比较也是不必要的。因为从第三次匹配失败后的结果就可知，根据模式串部分匹配结果的情况可以推断主串中的第四、第五和第六个字符必然是 'e'、'f' 和 'd'（即模式串中第二、第三和第四个字符），所以这三个字符均不需要与模式串的第一个字符 'd' 进行比较。而仅需将模式串向右移动三个字符的位置继续进行比较即可。

基于上述分析，可以考虑对 BF 算法做出改进，即在匹配失败后，重新开始匹配时不改变主串 S 中的 i，只改变模式串 T 中的 j，从而减少匹配的次数，以提高模式匹配的效率。

接下来介绍这一改进的模式匹配算法，它是由 D. E. Knuth、J. H. Morris 和 V. R. Pratt 同时发现的，所以该算法又被称为克努特-莫里斯-普拉特操作，简称 KMP 算法，图 3-26 是改进后的匹配过程。该算法的基本思路是在匹配失败后，无须回到主串和模式串最近一次开始比较的位置，而是在不改变主串已经匹配到的位置的前提下，根据已经匹配的部分字符，从模式串的某一位置开始继续进行串的模式匹配。

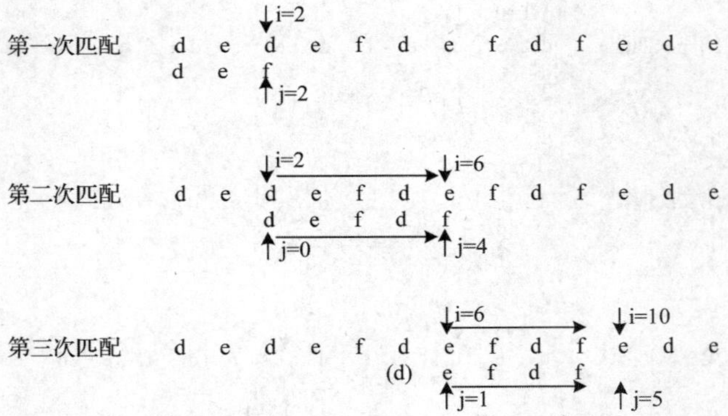

```
                    ↓i=2
第一次匹配    d e d e f d e f d f e d e
              d e f
                ↑j=2

                ↓i=2        ↓i=6
第二次匹配    d e d e f d e f d f e d e
              d e f d → f
              ↑j=0          ↑j=4

                            ↓i=6        ↓i=10
第三次匹配    d e d e f d e f d f e d e
         (d)        e f d → f
                    ↑j=1      ↑j=5
```

图 3-26 改进后的匹配过程

在成功计算出 ListNext 之后，就可以基于 ListNext 并使用 KMP 算法进行串的模式匹配，其基本思路如下：用 i 和 j 分别指示主串和模式串当前待比较的字符，令 i 和 j 的初值分别为 pos 和 0。若在匹配的过程中 i 和 j 指示的字符相等，则将 i 和 j 的值都加 1；否则 i 的值不变，令 j = ListNext[j]后，并将当前 j 指示的字符与 i 指示的字符再次进行比较，重复以上过程进行比较。在重复比较时，若 j 值为 –1，则需将主串的 i 值加 1，并将 j 回退到模式串起始位置，重新与主串进行匹配。

通过以上分析，可以基于主串 S、主串 S 的指定位置 iPos 和模式串 T，并借助 ListNext 给出 KMP 算法的实现，具体思路如下：

① 分别用 i 和 j 指示主串和模式串当前待比较的字符，初始时，i 等于主串 S 的指定位置 pos，j 指示模式串的第一个字符。

② 若模式串和主串均未比较结束，则执行③ ~ ⑥；否则执行⑦。

③ 判断 j 的值是否为 –1 或两个串当前位置对应的字符是否相等。

④ 若③为真，则执行⑤；否则执行⑥。

⑤ 将 i 和 j 分别加 1。

⑥ 修改 j 的值为在当前位置匹配失败后应移到的位置，并转②。

⑦ 判断 j 是否等于模式串的长度。

⑧ 若⑦为真，则输出匹配成功的提示；否则执行⑨。

⑨ 输出匹配失败的提示。

实现代码如下：

```
# KMP 算法
#################################
def IndexKMP(self,pos,T,ListNext_ListNextValue):
    i=pos
```

```
j = 0
count = 0        #用于统计匹配次数
length = T.GetStringLength()
string = T.GetString()
while i < len(self.chars) and j < length:
    if j = = -1 or self.chars[i] = = string[j]:
        i = i + 1
        j = j + 1
    else:
        j = ListNext_ListNextValue[j]
        count = count + 1
if j = = length:
    print("匹配成功!模式串在主串中首次出现的位置为",i-length)
else:
    print("匹配失败!")
print("共进行了",count + 1,"次匹配")
```

由于模式串的第一个字符与主串中的某一字符匹配失败后,下一次匹配时需从模式串的第一个位置(即为 ListNext[0] 的值,我们将其设为 -1)开始,也就是说 ListNext[0] = -1。

现考虑一般情况,假设当前位置为 j 时,ListNext[j] = k,这表示在模式串中有 T[0,k-1] = = T[j-k,j-1],那么对于 ListNext[j+1] 的求解应分为以下两种情况:若 T[k] = = T[j],这表示在模式串中有 T[0,k] = = T[j-k,j],那么 ListNext[j+1] = k+1,即 ListNext[j+1] = ListNext[j] + 1;若 T[k] ≠ T[j],此时可以将模式串既看作主串又看作模式串,参照 KMP 算法的匹配思路,根据已经匹配成功的部分 T[0,k-1] = = T[j-k,j-1],将模式串向右移动到 ListNext[k] 指示的位置再与 j 指示的字符进行比较。

假设 ListNext[k] = ik,若 T[j] = T[ik],则说明 T[0,ik] = = T[j-ik,j],此时 ListNext[j+1] = ik+1,又因为 ListNext[k] = ik,所以 ListNext[j+1] = ListNext[k] + 1;若 T[j] ≠ T[ik],此时需将模式串向右移动到 ListNext[ik] 指示的位置,再与此时 j 指示的字符进行比较……若不存在任何 ik 满足 T[0,ik] = = T[j-ik,j],此时则令 ListNext[j+1] = -1,即应从模式串的第一个字符开始重新进行匹配。

上述算法思路对应的算法步骤如下:

① 将长度为 100(假定模式串长度不超过 100)的列表 ListNext 中的所有元素的值初始化为 None,用于存储在位置 j 匹配失败后,下一次匹配时应从模式串开始匹配的位置,将该位置记为 k。

② 令 ListNext[0] = -1,并令 k = -1。

③ 用变量 j 指示当前匹配到的字符,令 j = 0。

④ 判断 j 是否小于当前字符串的长度。

⑤ 若④为真,则执行⑥~⑩;否则执行⑪。

⑥ 判断 k 是否等于 -1 或 j 指示的字符 self.chars[j] 是否等于 k 指示的字符 self.chars[k]。

⑦ 若⑥为真,则执行⑧~⑨;否则执行⑩。

⑧ 将 k 和 j 的值分别加 1。

⑨ 将 k 赋值给 ListNext[j]。

⑩ 将 ListNext[k] 赋值给 k。

⑪返回列表 ListNext，以便其他函数调用。

3.3.2 稀疏矩阵的存储

若一个 $m \times n$ 的矩阵 C 中有 s 个非零元素，令 $e = s/(m \times n)$，并将 e 称为矩阵 C 的稀疏因子。当 $e \leqslant 0.05$ 时，我们将矩阵 C 称为稀疏矩阵。在稀疏矩阵中，由于非零元素的个数远小于值为零的元素的个数，若仍采用 $m \times n$ 个存储单元存储矩阵的数据元素，则十分浪费。图 3-27 所示的矩阵 C，其中的非零元素的个数就十分少，因此可以考虑对其进行压缩存储。

$$C_{5 \times 9} = \begin{bmatrix} 0 & 0 & 0 & 0 & 3 & 0 & 0 & 0 \\ 0 & 0 & 0 & 0 & 0 & 0 & 0 & 0 \\ 4 & 0 & 0 & 0 & 0 & 0 & 0 & 0 \\ 0 & 0 & 0 & 0 & 0 & 0 & 0 & 0 \\ 0 & 0 & 0 & 0 & 0 & 11 & 0 & 0 \end{bmatrix}$$

图 3-27　矩阵 C

通常稀疏矩阵中非零元素的数目少且分布没有规律，因此在压缩存储时不仅要存储对应的非零元素 a_{ij}，还需要存储非零元素的位置信息 (i, j)。

稀疏矩阵中的某一非零元素可由一个三元组 (i, j, a_{ij}) 来唯一确定，一个稀疏矩阵的所有非零元素对应的三元组构成该矩阵的三元组表。三元组表的不同表示方式引出稀疏矩阵不同的压缩存储方法，如三元组顺序表、行逻辑链接顺序表和十字链表等。接下来简要介绍三元组顺序表和十字链表。

1. 三元组顺序表

通常使用顺序存储结构存储稀疏矩阵的三元组表，并将其称为三元组顺序表。在该表中，每一行对应一个非零元素在稀疏矩阵中的行号、列号和非零元素的值 (a_{ij})。为了能够从三元组顺序表中获取更多关于稀疏矩阵的信息，将在其三元组顺序表中加入该矩阵的行数、列数及非零元素的总数目。如图 3-28 是矩阵 C 的三元组顺序表示例。

三元组顺序表默认是以行优先方式进行存储的，因此有利于稀疏矩阵的某些运算，如稀疏矩阵的转置。

对于稀疏矩阵的转置，作如下描述，假定一个 $m \times n$ 的矩阵 $M = (m_{ij}) m \times n$，它的转置矩阵是一个 $n \times m$ 的矩阵 $T = (t_{ij}) n \times m$，且 $t_{ij} = m_{ji} (0 \leqslant i < m, 0 \leqslant j < n)$。我们对于稀疏矩阵进行转置时，需对稀疏矩阵和其三元组顺序表做以下修改：将三元组顺序表中的行号和列号进行交换；以行优先方式重排三元组的次序。转置后对应的三元组顺序表如图 3-29 所示。

5	9	3
0	5	3
2	0	4
4	5	11

行数、列数和非零元素个数

非零元素的行号、列号和值

9	5	3
0	2	4
5	0	3
5	4	11

行数、列数和非零元素个数

非零元素的行号、列号和值

图 3-28　矩阵 C 的三元组顺序表　　　　图 3-29　矩阵 C 转置后对应的三元组顺序表

2. 十字链表

当矩阵的非零元素个数和位置在操作的过程中变化较大时，采用顺序存储结构就会给矩阵的相关操作带来困难，如将矩阵 *B* 加到矩阵 *A* 上时，可能会引起矩阵 *A* 的三元组顺序表里数据的移动，此时若采用链式存储结构则会带来很大的便利。通常使用十字链表这一链式结构存储矩阵，十字链表结点的结构如图 3-30 所示。

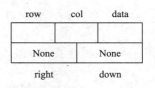

图 3-30 十字链表结点的结构

十字链表结构中每个非零元素的结点由五个域组成，包含标识非零元素所在行信息的行域（Row）、所在列信息的列域（Col）及非零元素值的值域（Data），然后通过向右域（Right）连接同一行中的下一个非零元素，并在该行形成一个行链表，再由向下域（Down）链接同一列中的下一个非零元素，并在该行形成一个列链表。

由于存储每一非零元素相关信息的结点既是某个行链表中的一个结点，也是某个列链表中的一个结点，因此整个矩阵的非零元素就形成了一个十字交叉链表。为了能够访问整个十字链表，需要用两个一维数组存储每一行链表的头指针和每一列链表的头指针。

任务实现

1. 创建文件 ex3_3.py

在文件 ex3_3.py 中编写数据加密程序。

2. 代码实现

```python
# 用串技术实现"数据加密"
class StringList(object):
    # 初始化顺序串
    def __init__(self):
        self.MaxStringSize = 256
        self.chars = ""
        self.length = 0

    # 创建顺序串
    def CreateString(self):
        stringSH = input("请输入字符串,按回车结束:")
        if len(stringSH) > self.MaxStringSize:
            print("输入的字符序列超过分配的存储空间,超过的部分无法存入当前串中。")
            self.chars = stringSH[:self.MaxStringSize]
        else:
            self.chars = stringSH

    # 加密函数
    def Encode(self):
        raw_data = self.chars
        num_asc = 0      # ASCII 累加值
        str_pwd = ''     # ASCII 拼接值
```

```
        for i in raw_data:
            #1. 获取每个元素的ASCII值
            ascii_val = ord(i)
            #2. 对遍历的ASCII值进行累加操作
            num_asc = ascii_val + num_asc
            #3. 拼接操作
            str_pwd += str(ascii_val)
            #4. 将拼接的ASCII值倒序排列
            reversal_num = str_pwd[::-1]
            encryption_num = int(reversal_num) + num_asc
        print("加密后的密码为:{}".format(encryption_num))


if __name__ == '__main__':
    SL = StringList()
    SL.CreateString()
    SL.Encode()
```

习题

1. 下面关于串的叙述中，不正确的是（　　）。

   A. 串是字符的有限序列

   B. 串既可以采用顺序存储，也可以采用链式存储

   C. 空串是由空格构成的串

   D. 模式匹配是串的一种重要运算

2. 现有两个串，分别为 S1 = "abdcefg"，S2 = "MLHWP"，对其执行以下操作（S1.SubString(0, S2.GetStringLength())).StringConcat(S1.SubString(S2.GetStringLength(), 1)) 后的结果为（　　）。

   A. bcdef　　　　　B. bdcefg　　　　　C. bcMLHWP　　　　　D. bcdefef

3. 假设有两个串 p 和 q，其中 q 是 p 的子串，求 q 在 p 中首次出现的位置的算法称为（　　）。

   A. 求子串　　　　B. 联接　　　　C. 求串长　　　　D. 匹配

4. 若串 S = "software"，则其子串和真子串数目分别为（　　）。

   A. 8，7　　　　B. 37，36　　　　C. 36，35　　　　D. 9，8

5. 串的长度是指（　　）。

   A. 串中所含字符的个数

   B. 串中所含不同字母的个数

   C. 串中所含不同字符的个数

   D. 串中所含非空格字符的个数

任务 3.4 用二叉树技术实现 "比赛分组"

任务描述

在高校篮球比赛中，晋级方式采取单场淘汰制。首先需要对各高校球队以两个为一组进行分组，每组的两个球队比赛，胜出者晋级下一轮。在下一轮中，晋级后的球队再两两分组比赛，胜出者晋级下一轮，依此类推，最后只剩下两个球队决赛，决赛后产生冠军。将最后的比赛分组结果以二叉树的形式表达出来，二叉树的根结点为冠军，并遍历得到比赛分组信息。

学习目标

知识目标	掌握树的常用术语及存储结构； 掌握二叉树的性质和存储结构； 掌握常用二叉树的概念和基本操作
能力目标	能够实现二叉树的遍历操作； 能够实现树、森林与二叉树的转换； 能够实现线索化二叉树； 能够完成对哈夫曼树的构造
素质目标	培养独立思考的分析能力； 培养精益求精的工匠精神 提高体育竞技意识

知识学习

树形结构是一类重要的非线性数据结构。所谓非线性结构，是指在该结构中通常存在一个数据元素，有两个或两个以上的直接前驱或直接后继元素。树形结构的数据元素之间呈现分支、分层的特点，在客观世界中广泛存在，如家族的族谱和各种社会组织机构都可用树形象的表示。在计算机领域中，二叉树最为常用。操作系统中，用树表示文件目录的组织结构；编译系统中，用树表示源程序的语法结构；数据库系统中，信息的组织形式也用到树形结构。

3.4.1 树与二叉树

1. 树的定义

日常生活中，经常能看到具有层次关系的情况。例如，一所大学由若干学院组成，每个学院又有若干专业。学校、学院和专业可看成是一个三层的层次关系。

树（tree）是一种由 $n(n \geq 0)$ 个元素组成的有限集合 T，元素间具有层次关系。若 $n=0$，则称为空树；若 $n>0$，则称为非空树，且对任意一棵非空树有以下特点：

① 树中的每个元素被称为结点。
② 每棵树有且仅有一个称为树根的结点（简称 "根结点"），根结点无任何前驱结点。
③ 当 $n>1$ 时，除了根结点之外的其余结点可以被划分成 m 个互不相交的有限子集 $T_1, T_2, \cdots,$

视 频

树的定义及基本术语

T_m,其中每个子集 T_i 本身也是一棵树,被称为根结点的子树,如图 3-31 所示。

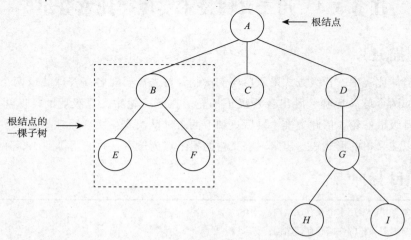

图 3-31 树

图 3-31 是有 9 个结点的树,其中 A 是根结点,其余结点分为 3 个互不相交的子集,$T_1 = \{B,E,F\}$,$T_2 = \{C\}$,$T_3 = \{D,G,H,I\}$。T_1,T_2,T_3 都是根结点 A 的子树。

注意:树的定义具有递归性,即"树中还有树",揭示了树的固有特性。例如,T_1 根结点为 B,其余结点分为 2 个互不相交的子集,$T_{11} = \{E\}$,$T_{12} = \{F\}$。T_{11} 和 T_{12} 都是根结点 B 的子树。

2. 树的基本术语
表 3-4 是树的基本术语。

表 3-4 树的基本术语

术 语	定 义
结点	树中的一个独立单元,包含一个数据元素及若干指向其子树的分支
结点的度	每个结点拥有的子树个数
树的度	树中所有结点度的最大值
叶子结点	树中度为 0 的结点
分支结点	树中度不为 0 的结点
孩子结点	树中任何一个结点的子树的根结点是该结点的孩子结点(后继结点)
双亲结点	树中一个结点若具有孩子结点,则该结点为其孩子结点的双亲结点
兄弟结点	同一双亲的所有孩子结点互称为兄弟结点
堂兄弟结点	双亲在同一层次的所有结点互称为堂兄弟结点
祖先结点	从根结点到树中任一结点所经过的所有结点称为该结点的祖先结点
子孙结点	树中以某一结点为根的子树中任一结点被称为该结点的子孙结点
结点的层次	从根结点开始定义,根为第一层、根的孩子为第二层,依次类推
树的深度	树中所有结点层次的最大值为该树的深度(也称为高度)
有序树	将树中每个结点的各个子树看成从左至右是有次序的,位置不可改变
无序树	将树中每个结点的各个子树看成是无次序的,位置可以改变
森林	$m(m \geq 0)$ 棵互不相交的树的有限集合,将根结点删除,剩余子树是森林

如图 3-32 所示，对树的基本术语做出解释，如表 3-5 所示。

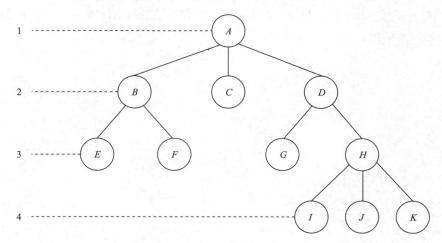

图 3-32　树的层次

表 3-5　树的术语解析

术　语	解　析
结点数目	11（A、B、C、D、E、F、G、H、I、J、K）
结点 B 的度	2（2 个子树分别为 E、F）
树的度	3（结点 A 和结点 H 的度均为 3，是树中结点度的最大值）
叶子结点	7 个（E、F、C、G、I、J、K 结点度为 0）
分支结点	4 个（A、B、D、H 结点度不为 0）
结点 A 的孩子结点	B、C、D
结点 G 的双亲结点	D
结点 I 的兄弟结点	J、K
结点 H 的堂兄弟结点	E、F（注意：G 是 H 的兄弟结点，不是堂兄弟结点）
结点 K 的祖先结点	A、D、H
结点 A 的子孙结点	B、C、D、E、F、G、H、I、J、K
位于 3 层次的结点	E、F、G、H
树的深度	4

3. 树的存储结构

树的存储结构也有顺序存储和链式存储两种结构。下面将介绍树最为常用的三种存储方式，即双亲表示法、孩子表示法、孩子兄弟表示法。

（1）双亲表示法

双亲表示法是树的一种顺序存储结构，这种表示法用一组连续的存储单元存储树的结点及结点间的关系，每个结点除了数据域 data 外，还附设一个 parent 域用以指向其双亲结点的位置，结点形式如图 3-33 所示。

图 3-33　双亲表示法的结点形式

视　频

树的存储结构

以数组为例,对除根结点外的所有结点,其双亲 parent 我们并不直接存储其值,而是存储该值对应的数组下标,由于根结点没有双亲结点,因此根结点的指针域 parent 设置为 -1。对于图 3-34(a)所示的树,其双亲表示法如图 3-34(b)所示。

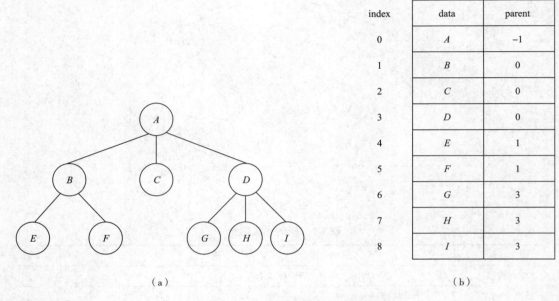

图 3-34 一棵树及其双亲表示的存储结构

使用数组实现这一存储结构时,会发现在求某个结点的双亲结点时很容易,例如求 E 结点的双亲,从它对应的 parent 域中找到,是 index 值为 1 的结点,即为 B。但在求某个结点的孩子结点时比较困难,最坏情况下需要访问整个数组。

定义了一个 TreeNode 类用于表示树的结点,实现代码如下:

```
# 定义树的一个结点,分别有数据 data 和双亲结点位置 parent
class TreeNode(object):
    def __init__(self):
        self.data = '#'
        self.parent = -1
```

(2)孩子表示法

孩子表示法:把每个结点的孩子排列起来,以链表为存储结构。由于树中每个结点可能有多个孩子结点,因此可用多重链表,即每个结点有多个指针域,其中每个指针指向一棵子树的根结点,此时链表中的结点可以有图 3-35 所示的两种结点形式。

若采用第一种结点形式,则多重链表中的结点是同构的,其中 n 为树的度。但由于树中很多结点的度均小于 n,因此这些结点在存储时会存在很多值为空的指针域,造成存储空间的浪费。如图 3-36(a)所示树的度为 3,按上述存储结构形成的多重链表如图 3-36(b)所示,其中存在很多值为空的指针域。

若采用第二种结点形式,则多重链表中的结点是不同构的,其中 n 为结点的度,由其值决定该结点指针域的个数,degree 域的值同 n。此时,虽然节约存储空间,但操作不方便。如

图 3-37（a）所示树的度为 3，按上述存储结构形成的多重链表如图 3-37（b）所示，此多重链表中无任何空的指针域。

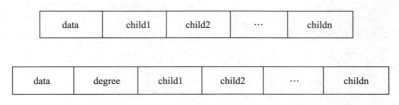

图 3-35　孩子表示法的两种结点形式

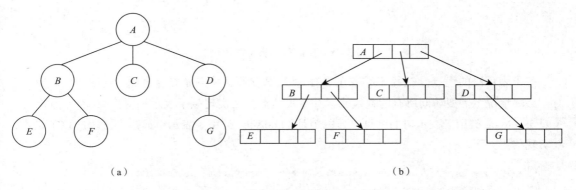

图 3-36　结点同构时的孩子表示法

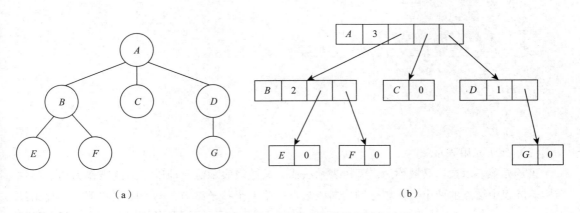

图 3-37　结点不同构时的孩子表示法

还有一种改进的存储方法，将树中结点及结点间的关系分为两部分表示：第一部分通常使用数组来存储，其中 data 域存储树的每一个结点值，并使用 firstchild 域来存储该结点的第一个孩子结点的地址；第二部分通常使用单链表来存储，包括某一结点的所有孩子结点，每个孩子结点由 index 域和 nextsibling 域组成，其中 index 域的值为该孩子结点在数组中的下标，nextsibling 域的值为 firstchild 域中的值所指结点的某一个兄弟结点。

如图 3-38（a）所示的树中，值为 A 的结点有三个孩子结点，分别是值为 B、C 和 D 的结点，它们互为兄弟结点。在使用孩子表示法存储该树时，其结构如图 3-38（b）所示。

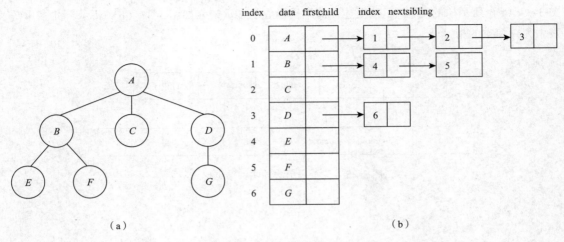

图 3-38　树的孩子表示法示例

孩子表示法的优点是查找某结点的孩子结点很方便，缺点是在查找某个结点的双亲结点时，最坏情况下需要访问所有的数组元素及链表结点。在实现孩子表示法时定义了两个类：一个是 TreeNode 类用于表示树的结点；另一个是 ChildNode 类用于表示组成孩子链表的孩子结点，其实现代码如下：

```python
# 定义树的结点，分别有数据 data 和该结点的第一个孩子结点 firstchild
class TreeNode(object):
    def __init__(self):
        self.data = '#'
        self.firstchild = None
# 定义孩子结点，包括其在数组中的下标 index 及某兄弟节点 nextsibling
class ChildNode(object):
    def __init__(self):
        self.index = -1
        self.nextsibling = None
```

（3）孩子兄弟表示法

孩子兄弟表示法：又被称为二叉树表示法或二叉链表表示法，即以二叉链表作为树的存储结构。链表中结点的两个指针域分别指向该结点的第一个孩子结点 firstchild 域和下一个兄弟结点 nextsibling 域，其结点形式如图 3-39 所示。

firstchild	data	nextsibling

图 3-39　孩子兄弟表示法的结点形式

对图 3-40（a）所示的树，其孩子兄弟表示法如图 3-40（b）所示，值为 A 的结点的第一个孩子结点是值为 B 的结点，因此它的 *firstchild* 域指向值为 B 的结点，B 结点的兄弟结点为 C 和 D，因此它的 *nextsibling* 域指向值为 C 的结点。

孩子兄弟表示法的优点是便于查找结点的孩子结点和兄弟结点，而缺点是和孩子表示法的缺点一样，即从当前结点查找双亲结点比较困难。孩子兄弟表示法结点存储结构实现代码如下：

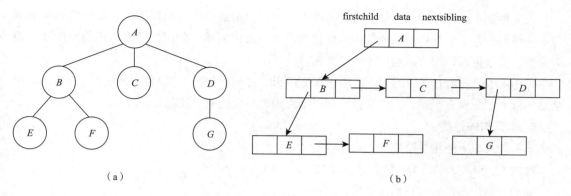

（a） （b）

图 3-40　树的孩子兄弟表示法示例

```
# 定义树的一个结点, 分别有数据 data、第一个孩子结点 firstchild 和下一个兄弟结点 nextsibling
class TreeNode(object):
    def __init__(self):
        self.data = '#'
        self.firstchild = None
        self.nextsibling = None
```

4. 二叉树的定义

二叉树（binary tree）是 $n(n \geq 0)$ 个结点的有限集合 BT，若 $n=0$，则称为空树；若 $n>0$，则称为非空树，且对任意一棵非空二叉树有以下特点：

① 有且只有一个根结点。

② 当 $n>1$ 时，除了根结点之外的其余结点被划分成两个互不相交的子集 BT_1，BT_2，分别称为左、右子树，且左、右子树本身也都是二叉树。

③ 二叉树中每个结点至多只有两棵子树（即二叉树中不存在度大于 2 的结点）。

④ 二叉树中每个结点的左、右子树次序不可任意颠倒，因此二叉树有五种基本形态，如图 3-41 所示。任何复杂的二叉树都可以看成是这五种基本形态的组合。

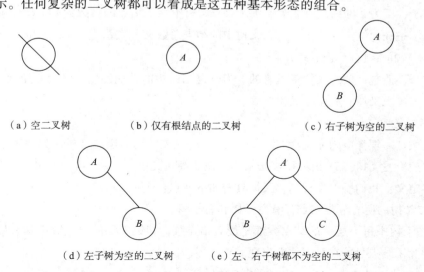

（a）空二叉树　　（b）仅有根结点的二叉树　　（c）右子树为空的二叉树

（d）左子树为空的二叉树　　（e）左、右子树都不为空的二叉树

图 3-41　二叉树的五种基本形态

二叉树是一种特殊的树，最直观地体现于它的每个结点至多有两棵子树。二叉树是树形结构中一种最典型、最常用的数据结构，处理起来比一般树简单，存储效率高，树的操作算法相对简单，而且树可以很容易地转换成二叉树。

表 3-4 中引入的有关树的基本术语也都适用于二叉树。树与二叉树的最主要区别是，树中结点的最大度数没有限制，而二叉树限制了结点中的最大度数只能是 2。

5. 二叉树的性质

二叉树具有下列重要特性。

性质 1　在二叉树的第 i 层上至多有 $2^{i-1}(i \geq 1)$ 个结点。

证明　利用归纳法可证明此性质。

$i = 1$ 时，只有一个根结点。显然，$2^{i-1} = 2^0 = 1$ 是对的。

现在假定对所有的 $j(1 \leq j < i)$，命题成立，即第 j 层上至多有 2^{j-1} 个结点。那么，可以证明 $j = i$ 时命题也成立。

由归纳假设：第 $i-1$ 层上至多有 2^{i-2} 个结点。由于二叉树每个结点的度至多为 2，故在第 i 层上的最大结点数为在第 $i-1$ 层上的最大结点数的 2 倍，即 $2 \times 2^{i-2} = 2^{i-1}$。

性质 2　深度为 h 的二叉树至多有 $2^h - 1 (h \geq 1)$ 个结点。

证明　由性质 1 可知，对于二叉树而言，第 i 层上至多有 2^{i-1} 个结点。要使深度为 h 的二叉树的结点数目达到最大，则对于二叉树的每一层而言，其结点数目为：第 1 层为 2^0 个结点，第 2 层为 2^1 个结点，依次类推，第 h 层为 2^{h-1} 个结点。

因此深度为 h 的二叉树的结点数目为

$$\sum_{i=1}^{h} 2^{i-1} = 2^0 + 2^1 + \cdots + 2^{h-1} = 2^h - 1$$

性质 3　对任意一棵二叉树，如果其叶子结点个数为 n_0，度为 2 的结点个数为 n_2，则 $n_0 = n_2 + 1$。

证明　设二叉树中度为 1 的结点个数为 n_1，二叉树的结点总数为 n，因为二叉树中所有结点的度均小于或等于 2，所以二叉树中结点总数 $n = n_0 + n_1 + n_2$。另外，在二叉树中度为 1 的结点有 1 个孩子，度为 2 的结点有 2 个孩子，故二叉树中孩子结点的总数为 $n_1 + 2n_2$，而二叉树中只有根结点不是任何结点的孩子，故二叉树中的结点总数又可表示为 $n = n_1 + 2n_2 + 1$，即 $n = n_0 + n_1 + n_2 = n_1 + 2n_2 + 1$，可得 $n_0 = n_2 + 1$。

以上三个性质是一般二叉树都具有的。为研究二叉树的其他性质，下面介绍两种特殊形态的二叉树，即满二叉树和完全二叉树。

（1）满二叉树

满二叉树：一棵深度为 h 且含有 $2^h - 1$ 个结点的二叉树称为满二叉树。如图 3-42 所示为一棵深度为 4 的满二叉树，而如图 3-43 所示为一棵非满二叉树。

由上述定义，我们可以发现满二叉树具有如下特点：

① 满二叉树的所有分支结点都有左子树和右子树。

② 满二叉树中每一层上的结点数都是最大结点数，即第 h 层的结点数都具有最大值 2^{h-1}，并且所有的叶子结点只能在最大层次出现。

③ 同深度的二叉树中，满二叉树的结点数最多。

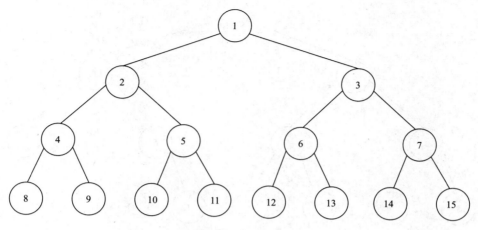

图 3-42 满二叉树

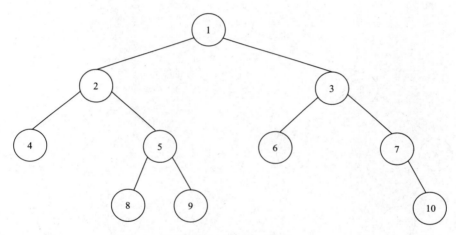

图 3-43 非满二叉树

（2）完全二叉树

完全二叉树：对一棵具有 n 个结点且深度为 h 的二叉树，从其根结点开始，按照结点所在的层次从小到大、同一层从左到右的次序进行编号，当且仅当其每一个结点都与深度为 h 的满二叉树中编号从 1 到 n 的结点一一对应时，则称其为完全二叉树。如图 3-44 所示为一棵完全二叉树，而如图 3-45 所示为一棵非完全二叉树。

由上述定义，我们可以发现完全二叉树具有如下特点：

① 叶子结点只能出现在最下面两层。

② 最下层的叶子结点一定集中在左边连续位置上。

③ 倒数第二层如有叶子结点，则一定都在右边连续位置上。

④ 如果结点度为 1，则该结点只有左子树，不存在右子树。

⑤ 对任一结点，若其右子树的深度为 h，则其左子树的深度为 h 或 $h+1$。

⑥ 同样结点数的二叉树，完全二叉树深度最小。

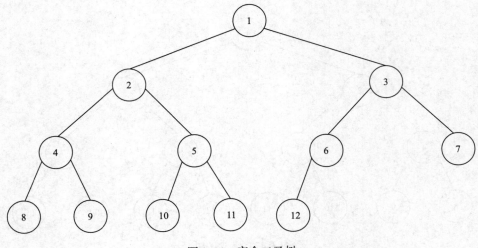

图 3-44　完全二叉树

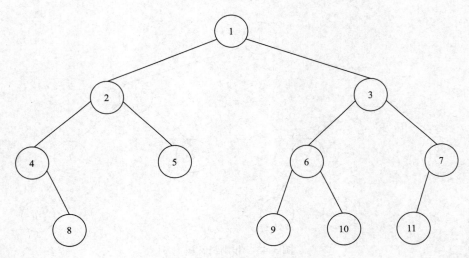

图 3-45　非完全二叉树

注意：满二叉树是完全二叉树的一种特例。满二叉树一定是完全二叉树，但完全二叉树不一定是满二叉树。如图 3-44 所示为一棵完全二叉树，但不是一棵满二叉树。如果一棵二叉树不是完全二叉树，那么它绝对不是一棵满二叉树。

性质 4　n 个结点的完全二叉树的深度为 $[\log_2 n] + 1$。

证明　由完全二叉树定义可得，深度为 h 的完全二叉树的前 $h-1$ 层是深度为 $h-1$ 的满二叉树，一共有 $2^{h-1} - 1$ 个结点。由于完全二叉树深度为 h，故第 h 层上还有若干个结点，因此，由该完全二叉树的结点个数 $n > 2^{h-1} - 1$ 可得 $2^{h-1} - 1 < n \leq 2^h - 1$；由于 n 为整数，可以推出 $2^{h-1} \leq n < 2^h$，对不等式取对数可得 $h - 1 \leq \log_2 n < h$，而 h 作为整数，因此 $h = [\log_2 n] + 1$。

性质 5　对于具有 n 个结点的完全二叉树，如果按照从上至下和从左至右的顺序对二叉树中的所有结点进行编号，则根结点为 1，任一层的结点 $i(1 \leq i \leq n)$ 都有以下特点：

① 如果 $i = 1$，则结点是二叉树的根，无双亲；如果 $i > 1$，则其双亲结点编号为 $[i/2]$，向下取整。

② 如果 $2i > n$，那么结点 i 没有左孩子，否则其左孩子编号为 $2i$。
③ 如果 $2i + 1 > n$，那么结点 i 没有右孩子，否则其右孩子编号为 $2i + 1$。

3.4.2 二叉树的存储结构

在存储二叉树时，除了要考虑结点本身如何存储，还要考虑作为一种非线性结构，如何存储其结点间的关系。二叉树的存储结构可分为顺序存储和链式存储两种，下面将详细介绍这两种存储结构。

1. 二叉树的顺序存储结构

二叉树的顺序存储结构使用一组地址连续的存储单元来存储二叉树的数据元素。为了能够在存储结构中反映出结点之间的逻辑关系，必须将二叉树中的结点依照一定的规律存储在这组单元中。

以数组为例，对于一棵完全二叉树，将如图 3-38（a）所示二叉树存入数组，从根结点开始，按照层次从小到大、从左到右的顺序存储结点元素。即将完全二叉树上编号为 i 的结点元素存储在数组下标为 $i-1$ 的分量中。图 3-46（b）所示为图 3-46（a）中完全二叉树的顺序存储结构。

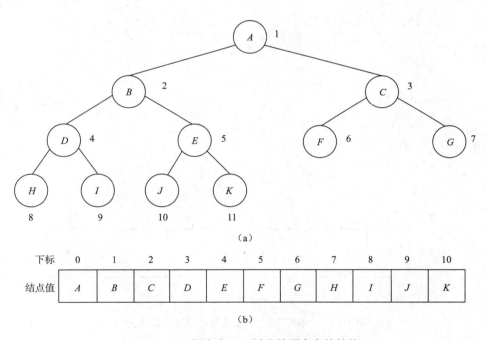

图 3-46 一棵完全二叉树及其顺序存储结构

上述存储结构不能够很好地反映出非完全二叉树中结点之间的逻辑关系，需做以下改进：即参照完全二叉树，增加一些实际并不存在的空结点，并将这些空结点的值置为 Λ，然后再按照完全二叉树的编号方式对改进后的二叉树进行编号，并存储在数组中。

将图 3-47（a）所示的非完全二叉树按上述方式改进后，即可得到图 3-47（b）所示的完全二叉树，再将其按照顺序存储结构存入数组，如图 3-47（c）所示。

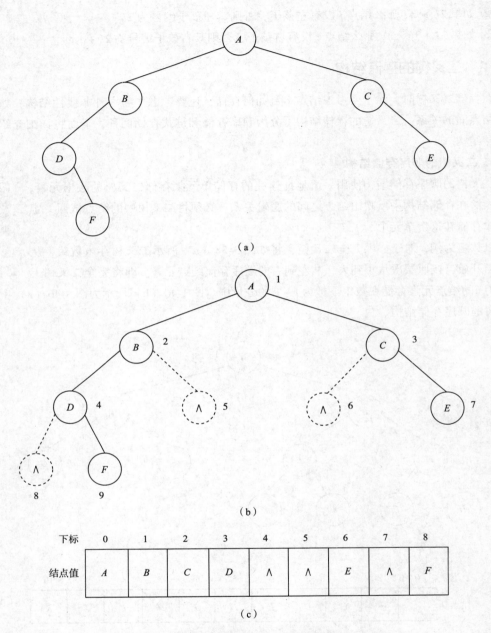

图 3-47 一棵非完全二叉树及其顺序存储结构

为了实现这一存储结构，定义了一个 SequenceBinaryTree 类用于存储二叉树的每一个结点，代码实现如下：

```
# 定义一棵顺序存储的二叉树
class SequenceBinaryTree(object):
    def __init__(self):
        self.SequenceBinaryTree = []
```

由上述可知，顺序存储对于完全二叉树和满二叉树来说是比较合适的，因为采用顺序存储既能节省内存单元，又能通过访问下标值得到每个结点的存储结构。但对于一棵非完全二叉树，由于需要增加一些空结点，从而导致了存储空间的极大浪费，所以对于一般二叉树，更适合采取下面的链式存储结构。

2. 二叉树的链式存储结构

二叉树的链式存储就是用链表来存储二叉树，设计不同的结点结构可构成不同形式的链式存储结构。由二叉树的定义得知，二叉树的结点由一个数据元素和分别指向左、右子树的两个分支构成，如图 3-48 所示。所以表示二叉树的链表中的结点至少包含三个域，分别是数据域和左、右指针域，如图 3-49 所示。

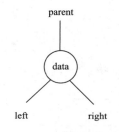

图 3-48　二叉树的结点

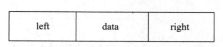

图 3-49　含有两个指针域的结点结构

指针域 left：存储指向左孩子结点的指针。
指针域 right：存储指向右孩子结点的指针。
数据域 data：存储该结点的数据。
含有两个指针域的结点结构代码实现如下：

```
class BinaryTreeNode(object):
    def __init__(self,data):
        self.data = data
        self.left = None
        self.right = None
```

把使用上述结点结构存储二叉树形式的链表称为二叉链表。如图 3-50（a）所示的二叉树，其二叉链表如图 3-50（b）所示。

在二叉链表中访问某结点的孩子结点很容易，但是在访问其双亲结点时很困难。为了更加快捷地访问某一结点的双亲结点，还可在结点结构中增加一个指向其双亲结点的指针域 parent，如图 3-51 所示。

指针域 parent：存储指向双亲结点的指针。
指针域 left：存储指向左孩子结点的指针。
指针域 right：存储指向右孩子结点的指针。
数据域 data：存储该结点的数据。
含有三个指针域的结点结构代码实现如下：

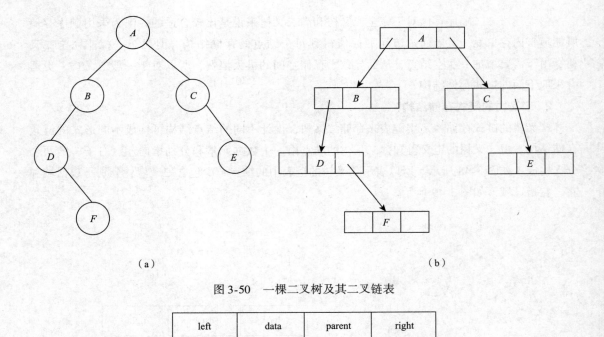

图 3-50 一棵二叉树及其二叉链表

| left | data | parent | right |

图 3-51 含有三个指针域的结点结构

```
class BinaryTreeNode(object):
    def __init__(self,data):
        self.data = data
        self.left = None
        self.right = None
        self.parent = None
```

把使用上述结点结构存储二叉树形式的链表称为三叉链表。如图 3-50（a）所示的二叉树，其三叉链表如图 3-52 所示。

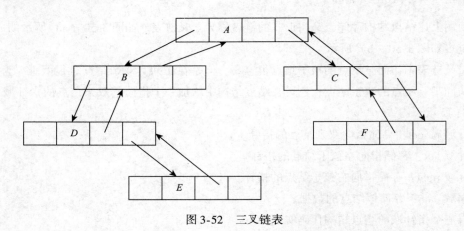

图 3-52 三叉链表

3.4.3 二叉树的遍历

视频
二叉树的遍历

在二叉树的应用中，常常需要在树中查找具有某种特性的结点，或者对树中的全部结点进行处理，这就要求对二叉树进行遍历。遍历二叉树是指按某种方式访问二叉树中的所有结点，要求使每个结点仅能被访问一次。当我们对每个结点进行访问时，可以对每个结点的数据域执行读取、修改或删除等操作。遍历二叉树是二叉树最基本的操作，也是二叉树其他各种操作的基础。

遍历问题对于线性结构来说很容易实现，但对于二叉树这种非线性结构来说就不那么容易了，因为从二叉树的任意结点出发，既可以向左走，也可以向右走，所以必须找到一种遍历方式，使二叉树上的结点能排列成一个线性序列，做到让非线性的二叉树线性化。

由二叉树的定义可知，它可分为根结点、左子树和右子树三个部分。因此，若能依次遍历这三个部分，就完成了二叉树的遍历。若在遍历时规定总是先访问左子树再访问右子树，则会有三种常用的遍历二叉树的方法，分别称为先序遍历、中序遍历和后序遍历。接下来详细介绍这三种遍历方法。

1. 先序遍历

先序遍历二叉树的操作定义如下。若二叉树为空，则返回；否则依次执行以下操作：
① 访问根结点。
② 先序遍历根结点的左子树。
③ 先序遍历根结点的右子树。

对图 3-53 所示的二叉树，采用先序遍历得到的序列为 *A BDFE CGHI*。我们通常把先序遍历得到的序列称为先序序列，可以发现，在一棵二叉树的先序序列中，第一个元素即为根结点的值。

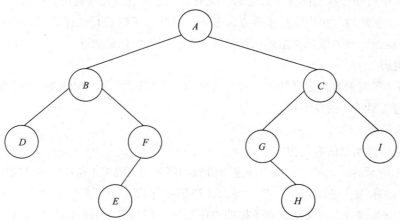

图 3-53 二叉树示例

先序遍历二叉树的递归算法如下：

```
# 递归先序遍历
    def Pre_order(self, root):
```

```
            if root!=None:
                self.Visit_node(root)          #访问根结点
                self.Pre_order(root.left)      #递归调用遍历左子树
                self.Pre_order(root.right)     #递归调用遍历右子树
#访问二叉树结点
    def Visit_node(self,BinaryTreeNode):
        #值为#的结点代表空结点
        if BinaryTreeNode.data!=None:
            print(BinaryTreeNode.data)
```

根据二叉树的定义，可以知道，对于二叉树中的结点可分为以下四种：

① 结点有左子树和右子树（简称 LR 结点）。
② 结点无左子树且有右子树（简称 NR 结点）。
③ 结点有左子树且无右子树（简称 LN 结点）。
④ 结点无左子树和右子树（简称 NN 结点）。

对于上述四种结点，执行先序遍历递归算法访问时，情况如下：对于 LR 结点，先访问结点本身，再递归访问其左子树，然后递归访问其右子树，最后结束当前递归调用并返回至上一层；对于 NR 结点，由于其无左子树，所以先访问结点本身，再递归访问其右子树，然后结束当前递归调用并返回至上一层；对于 LN 结点，由于其无右子树，所以先访问结点本身，再递归访问其左子树，然后结束当前递归调用并返回至上一层；对于 NN 结点，由于其无左子树和右子树，所以只需访问结点本身，即可结束当前递归调用并返回至上一层。

为了进一步理解递归算法，结合图 3-53 所示的二叉树，对以上先序遍历算法的执行情况进行分析，如图 3-54 所示。

从图 3-54 中可知，在访问根节点之后，先对其左子树进行先序遍历，即进入下一层递归调用。当返回本层调用时，仍以本层根节点为基础，对其右子树进行先序遍历。当从下层递归调用再次返回本层时，接着就从本层调用返回到上一层调用。依此类推，最终返回主程序。

2. 中序遍历

中序遍历二叉树的操作定义如下。若二叉树为空，则返回；否则依次执行以下操作：

① 中序遍历根结点的左子树。
② 访问根结点。
③ 中序遍历根结点的右子树。

对图 3-53 所示的二叉树，采用中序遍历得到的序列为 *DBEF A GHCI*。通常把中序遍历得到的序列称为中序序列，可以发现，在一棵二叉树的中序序列中，根结点将此序列分为两个部分：根结点之前的部分为二叉树的左子树的中序序列，根结点之后的部分为二叉树的右子树的中序序列。

中序遍历二叉树的递归算法如下：

```
#递归中序遍历
    def In_order(self,root):
        if root!=None:
```

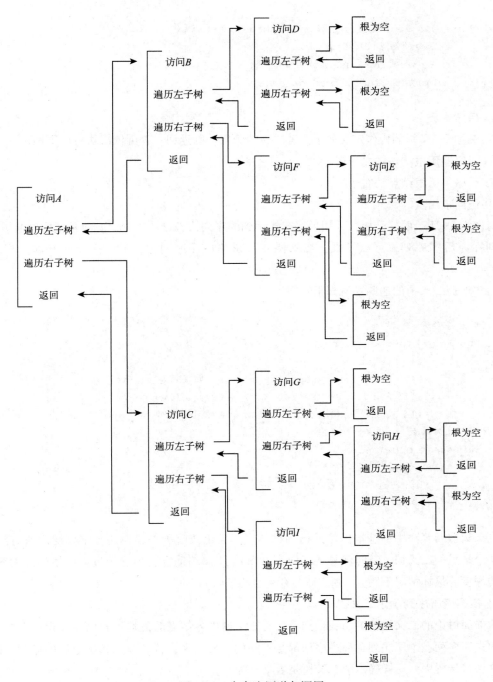

图 3-54 先序遍历递归调用

```
        self.In_order(root.left)      # 递归调用遍历左子树
        self.Visit_node(root)         # 访问根结点
        self.In_order(root.right)     # 递归调用遍历右子树
# 访问二叉树结点
```

```
    def Visit_node(self, BinaryTreeNode):
        #值为#的结点代表空结点
        if BinaryTreeNode.data != None:
            print(BinaryTreeNode.data)
```

3. 后序遍历

后序遍历二叉树的操作定义如下。若二叉树为空，则返回；否则依次执行以下操作：

① 后序遍历根结点的左子树。
② 后序遍历根结点的右子树。
③ 访问根结点。

对图 3-53 所示的二叉树，采用后序遍历得到的序列为 *DEFB HGIC A*。通常把后序遍历得到的序列称为后序序列，可以发现，在一棵二叉树的后序序列中，最后一个元素即为根结点的值。

后序遍历二叉树的递归算法如下：

```
#递归后序遍历
    def Post_order(self, root):
        if root != None:
            self.Post_order(root.left)      #递归调用遍历左子树
            self.Post_order(root.right)     #递归调用遍历右子树
            self.Visit_node(root)           #访问根结点
#访问二叉树结点
    def Visit_node(self, BinaryTreeNode):
        #值为#的结点代表空结点
        if BinaryTreeNode.data != None:
            print(BinaryTreeNode.data)
```

二叉树遍历算法中的基本操作是访问根结点，无论按哪种次序遍历，都要访问所有结点，对含 n 个结点的二叉树，其时间复杂度均为 $O(n)$。所需辅助空间为遍历过程中栈的最大容量，即树的深度，最坏情况下为 n，则空间复杂度也为 $O(n)$。

4. 根据遍历序列确定二叉树

从前面讨论的二叉树的遍历我们知道，若二叉树中各结点的值均不相同，任意一棵二叉树结点的先序序列、中序序列和后序序列都是唯一的。反过来，若已知二叉树遍历的序列，能否确定这棵二叉树呢？这样确定的二叉树是否唯一呢？

仅由一个二叉树的遍历序列（先序或中序或后序）是不能确定一棵二叉树的。例如图 3-55 所示的是两棵不同的二叉树，它们的先序遍历序列是相同的，都是 *ABDECFG*。

但如果同时知道一棵二叉树的先序序列和中序序列，或者同时知道中序序列和后序序列，就能唯一地确定这棵二叉树。例如，知道一棵二叉树的先序序列和中序序列，如何构造这棵二叉树呢？由定义可知，二叉树的先序遍历是先访问根结点 D，然后遍历根的左子树 L，最后遍历根的右子树 R。因此在先序序列中的第一个结点必是根结点 D；另一方面，中序遍历是先序遍历根的左子树 L，然后访问根结点 D，最后遍历根的右子树 R，于是根结点 D 把中序序列分成两部分，在 D 之前的是由左子树中的结点构成的中序序列，在 D 之后的是由右子树中的结点构成的中序序列。反过来，根据左子树的中序序列的结点个数，又可将先序序列除根以外的结点分成左子树的先序序列和右子树的先序序列。依此类推，即可递归得到整棵二叉树。

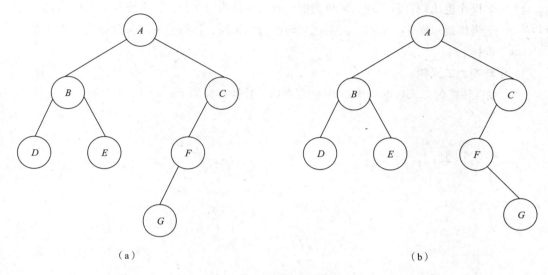

图 3-55　两棵不同的二叉树

例如，已知一棵二叉树的先序序列和中序序列分别是 ABDGHCEFI 和 GDHBAECIF，请画出这棵二叉树。

① 由先序遍历特征，根结点必在先序序列的头部即根结点是 A。

② 由中序遍历特征，根结点必在其中间，根结点 A 左侧的结点全部是左子树（GDHB），根结点 A 右侧的结点全部是右子树（ECIF）。

③ 继而，根据先序遍历中的 ABDG 子树可确定 B 为 A 的左孩子，根据 CEFI 子树可确定 C 为 A 的右孩子；依此类推，可以唯一地确定一棵二叉树，如图 3-56 所示。

但是，由一棵二叉树的先序序列和后序序列不能唯一确定一棵二叉树，因为无法确定左右子树两部分。例如，如果有先序序列 AB、后序序列 BA，因为无法确定 B 为左子树还是右子树，所以可得到如图 3-57 所示的两棵不同的二叉树。

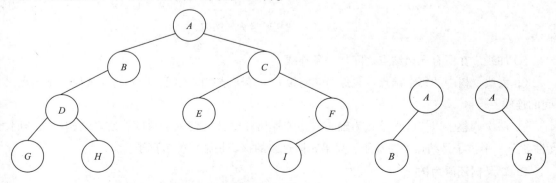

图 3-56　由先序序列和中序序列确定的二叉树　　　　图 3-57　两棵不同的二叉树

视频

树、森林与二叉树的转换

3.4.4 树、森林与二叉树的转换

一般树的结构比较复杂,一个结点可以有任意多个孩子,显然对树的处理要复杂很多,没有规律。但在二叉树中,二叉树结点的孩子最多只有两个,非常有规律,很多操作也比较容易实现。如果能把一般树转换为二叉树,许多操作都可以简化。为了更为简便地操作一般树,需要把它转换为二叉树,转换后的二叉树也应该能还原为一般树。

1. 树转换为二叉树

将一般树转换为二叉树的步骤如图 3-58 所示,转换步骤如下:

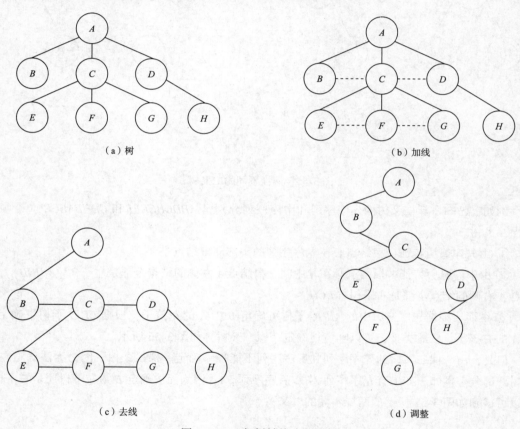

图 3-58 一般树转换为二叉树

① 加线。在所有兄弟结点之间加一条连线。

② 去线。树中的每个结点,只保留它与第一个孩子结点的连线,删除它与其他孩子结点之间的连线。

③ 层次调整。以树的根节点为轴心,将整棵树顺时针旋转一定角度,使之结构层次分明。(注意第一个孩子是结点的左孩子,兄弟转换过来的孩子是结点的右孩子)。

2. 二叉树还原为树

二叉树还原为树是树转换为二叉树的逆过程。该二叉树必须是由某一树转换而来的没有右

子树的二叉树，其还原过程如图 3-59 所示，分为以下三个步骤：

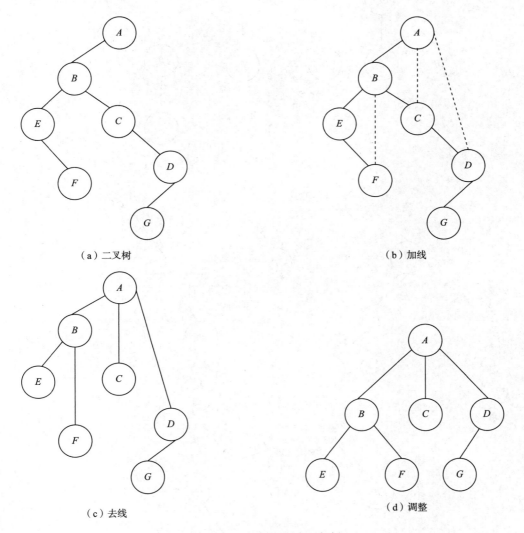

图 3-59　二叉树还原为一般树

① 加线。若某结点 i 是双亲结点的左孩子，则将该结点 i 的右孩子以及当且仅当连续地沿着右孩子的右链不断搜索到所有右孩子，都分别与结点 i 的双亲结点用虚线连接。

② 去线。删除原二叉树中所有结点与其右孩子结点的连线。

③ 层次调整。

3. 森林转换为二叉树

森林由若干棵树组成，是树的有限集合。森林转换为二叉树的步骤如图 3-60 所示。

① 将森林中每棵子树转换成相应的二叉树，形成有若干二叉树的森林。

② 按森林中树的先后次序，依次将后边一棵二叉树作为前边一棵二叉树根结点的右子树，这样整个森林就生成了一棵二叉树。

③ 第一棵树的根结点便是生成后的二叉树的根结点。

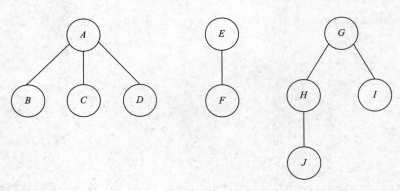

(a）拥有三棵树的森林

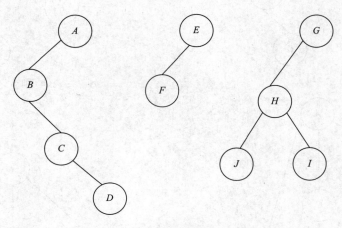

(b）森林中每棵树转换成二叉树

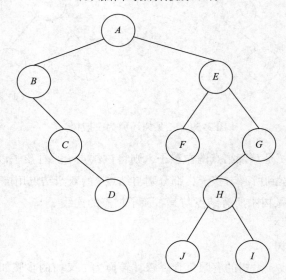

(c）转换后的二叉树

图 3-60　森林转换为二叉树

4. 二叉树还原为森林

判断一棵二叉树能够转换成一棵树还是森林，就要看这棵二叉树的根结点有没有右孩子，有右孩子就可以还原为森林，没有右孩子就只能还原为一棵树，二叉树还原为森林，如图 3-61 所示，操作步骤描述如下：

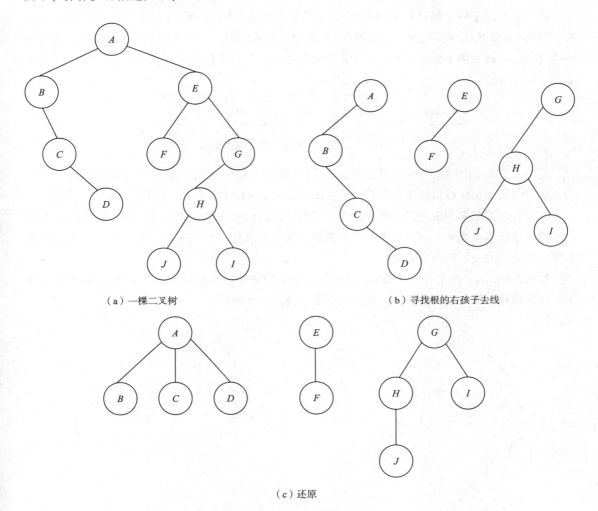

图 3-61　二叉树还原为森林

① 去线。将二叉树的根结点与其右孩子的连线以及当且仅当连续地沿着右链不断地搜索到的所有右孩子的连线全部抹去，这样就得到包含若干棵二叉树的森林。

② 还原。将每棵二叉树按二叉树还原为一般树的方法还原为一般树，即得到森林。

3.4.5　常用二叉树

1. 线索二叉树

遍历二叉树是以一定规则将二叉树中的结点排列成一个线性序列，得到二叉树中结点的先序序列、中序序列或后序序列。这实质上是对一个非线性结构进行线性化操作，

视 频

线索二叉树

使每个结点（除第一个和最后一个外）在这些线性序列中有且仅有一个直接前驱和直接后继。

但是，当以二叉链表作为存储结构时，只能找到结点的左、右孩子信息，而不能直接得到结点在任一序列中的前驱和后继信息，这种信息只有在遍历的动态过程中才能得到，为此引入线索二叉树来保存这些在动态过程中得到的有关前驱和后继的信息。

若结点有左子树，则其 lchild 域指向其左孩子，否则令 lchild 域指向其前驱；若结点有右子树，则其 rchild 域指向其右孩子，否则令 rchild 域指向其后继。为了避免混淆，通过对二叉链表中的每一结点增加两个标志域 ltag 和 rtag 来保存这一结点的直接前驱和直接后继，其结点形式如图 3-62 所示。

| lchild | ltag | data | rtag | rchild |

图 3-62　二叉树中带标志域的结点结构

其中：当 ltag = 0 时，lchild 域指向结点的左孩子；ltag = 1 时，lchild 域指向结点的前驱。当 rtag = 0 时，rchild 域指向结点的右孩子；rtag = 1 时，rchild 域指向结点的后继。

以这种结点结构构成的二叉链表作为二叉树的存储结构叫作线索链表，其中指向结点前驱和后继的指针叫作线索，加上线索的二叉树称为线索二叉树，对二叉树以某种次序遍历使其变为线索二叉树的过程叫作线索化。

如图 3-63（a）所示为中序线索二叉树，与其对应的中序线索链表如图 3-63（b）所示。其中实线为指针，指向左、右子树，虚线为线索，指向前驱和后继。

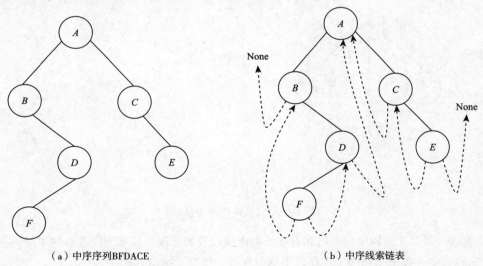

（a）中序序列 BFDACE　　　　　　　　　　（b）中序线索链表

图 3-63　中序线索二叉树及其中序线索链表

线索化的实质是当二叉树中某一结点不存在左孩子和右孩子时，将其 lchild 域和 rchild 域中存入该结点的直接先驱或直接后继。通常我们在遍历二叉树时才能实现对其线索化。

为了对二叉树进行线索化，我们定义了一个 BinaryTreeNodeThread( ) 类，用于存储二叉树的每一个结点，该类包含结点的相关信息；BinaryTree( ) 类用于线索二叉树，该类包含线索二叉树的定义及其基本操作，实现线索二叉树的各种基本操作实现代码如下：

```python
# 定义二叉树中带标志域的结点
class BinaryTreeNodeThread(object):
    def __init__(self):
        self.data = '#'
        self.leftchild = None
        self.rightchild = None
        self.ltag = 0
        self.rtag = 0
# 定义一个二叉树,包括创建二叉树、对二叉树线索化、中序遍历线索二叉树等基本操作
class BinaryTree(BinaryTreeNodeThread):
    # 初始化该树,创建该树的头结点
    def __init__(self):
        self.HeadNode = BinaryTreeNodeThread()
        self.HeadNode.ltag = 0
        self.HeadNode.rtag = 1
        self.HeadNode.rightchild = self.HeadNode
    # 创建二叉树函数
    def CreateBinaryTree(self, BinaryTree):
        data = input('->')
        if data == '#':
            BinaryTree = None
        else:
            BinaryTree.data = data
            BinaryTree.leftchild = BinaryTreeNodeThread()
            self.CreateBinaryTree(BinaryTree.leftchild)
            BinaryTree.rightchild = BinaryTreeNodeThread()
            self.CreateBinaryTree(BinaryTree.rightchild)
    # 遍历中序线索二叉树的函数
    def In_order_clue(self):
        BinaryTreeNode = self.HeadNode.leftchild
        while BinaryTreeNode != self.HeadNode:
            while BinaryTreeNode.ltag == 0:
                BinaryTreeNode = BinaryTreeNode.leftchild
            self.Visit_node(BinaryTreeNode)
            while BinaryTreeNode.rtag == 1 and BinaryTreeNode.rightchild != self.HeadNode:
                BinaryTreeNode = BinaryTreeNode.rightchild
                self.Visit_node(BinaryTreeNode)
            BinaryTreeNode = BinaryTreeNode.rightchild
    # 访问线索二叉树的一个结点
    def Visit_node(self, BinaryTreeNode):
        # 值为#的结点代表空结点
        if BinaryTreeNode.data != '#':
            print(BinaryTreeNode.data)
```

```python
# 建立中序线索二叉树的函数
    def In_order_threading(self,root):
        if root = =None:
            self.HeadNode.leftchild = self.HeadNode
        else:
            self.HeadNode.leftchild = root
            self.forward = self.HeadNode
            self.In_threading(root)
            self.forward.rtag = 1
            self.forward.rightchild = self.HeadNode
            self.HeadNode.rightchild = self.forward
# 中序线索化二叉树的函数
    def In_threading(self,BinaryTreeNode):
        if BinaryTreeNode ! =None:
            self.In_threading(BinaryTreeNode.leftchild)
            if BinaryTreeNode.leftchild = =None:
                BinaryTreeNode.ltag = 1
                BinaryTreeNode.leftchild = self.forward
            if self.forward.rightchild = =None:
                self.forward.rtag = 1
                self.forward.rightchild = BinaryTreeNode
            self.forward = BinaryTreeNode
            self.In_threading(BinaryTreeNode.rightchild)
# 主程序,TN 是根结点
TN = BinaryTreeNodeThread()
T = BinaryTree()
print('创建一棵二叉树\n')
print('        4')
print('       / \\')
print('      5   6')
print('     / \\   \\')
print('    1   2   7')
print('4 5 1 # # 2 # # 6 # 7 # #')
#创建一棵二叉树并线索化
print('请仿照上述序列,输入某一二叉树中各结点的值(#表示空结点),每输入一个值按回车换行:')
T.CreateBinaryTree(TN)
print('线索化二叉树!')
T.In_order_threading(TN)
print('遍历中序线索二叉树!')
T.In_order_clue()
```

遍历线索二叉树的时间复杂度为 $O(n)$,空间复杂度为 $O(1)$,这是因为实现线索二叉树的遍历时不需要使用栈来实现递归操作。

2. 哈夫曼树

哈夫曼树又称最优二叉树，是一类带权路径长度最短的二叉树。

由于二叉树有五种基本形态，当给定若干元素后，可构造出不同深度、不同形态的多种二叉树。如给定元素 A、B、C、D、E，可构造出如图 3-64 所示的两棵二叉树。

哈夫曼树

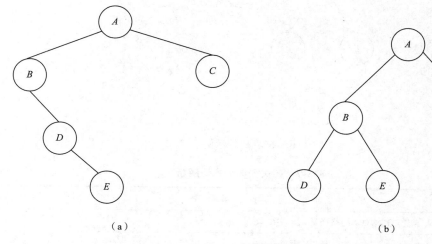

图 3-64　给定元素可组成不同形态的二叉树

在这两棵不同的二叉树中，如果要访问结点 E，所进行的比较次数是不同的，在图 3-64（a）中，需要比较四次才能找到 E，而在图 3-64（b）中仅需比较三次。由此可见，对树中任意元素的访问时间取决于该结点在树中的位置。在实际应用中，有些元素经常被访问，而有些偶尔才被访问一次，所以，相关算法的效率不仅取决于元素在二叉树中的位置，还与元素的访问频率有关。若能使访问频率高的元素有较少的比较次数，则可提高算法的效率，这正是哈夫曼树要解决的问题。表 3-6 给出了哈夫曼树中的基本术语。

表 3-6　哈夫曼树的基本术语

术　　语	定　　义
路径	在树中由一个结点到另一个结点所经过的结点序列
路径长度	路径中包含的分支数目
树的路径长度	从树的根结点到每一结点的路径长度之和
结点的权	给树中结点赋予一个有某种意义的数值，称为该结点的权
结点带权路径长度	从该结点到根结点的路径长度与结点权值的乘积
树的带权路径长度	树中所有叶子结点的带权路径长度的和，通常记作 WPL $= \sum_{i=1}^{n} w_i l_i$。其中，n 表示叶子结点的数目，w_i 和 l_i 表示叶子节点 i 的权值和根结点到叶子结点 i 之间的路径长度

假设有 m 个权值 $\{w_1, w_2, \cdots, w_m\}$，可以构造一棵含有 n 个叶子结点的二叉树，每个叶子结点的权值为 w_i，则其带权路径长度 WPL 最小的二叉树称作最优二叉树或哈夫曼树。

如图 3-65 所示，对以下哈夫曼树的基本术语做出解释，表 3-7 为哈夫曼树的术语解析。

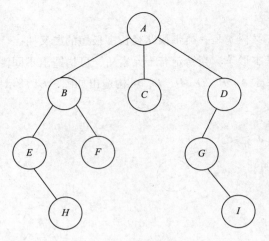

图 3-65 树的示例

表 3-7 哈夫曼树的术语解析

术语	解析
路径	从结点 A 到结点 I 的路径是 AD、DG、GI
路径长度	从结点 A 到结点 I 的路径长度是 3
树的路径长度	1 + 1 + 1 + 2 + 2 + 2 + 3 + 3 = 15

若给定四个叶子结点 A、B、C、D，其权值分别为 7、5、2、3。可构造出不同的二叉树，图 3-66 所示的是其中的三棵。它们的带权路径长度分别为：

① WPL = $7 \times 2 + 5 \times 2 + 2 \times 2 + 3 \times 2 = 34$

② WPL = $7 \times 3 + 5 \times 3 + 2 \times 1 + 3 \times 2 = 44$

③ WPL = $7 \times 1 + 5 \times 2 + 2 \times 3 + 3 \times 3 = 32$

其中，图 3-66（c）所示的二叉树的 WPL 最小，所以它就是哈夫曼树。

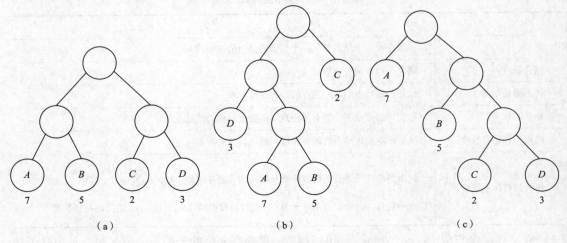

图 3-66 具有不同带权路径长度的二叉树

哈夫曼树中具有不同权值的叶子结点的分布有什么特点呢？从上面的例子中，可以直观地发现，在哈夫曼树中，权值越大的结点离根结点越近。根据这个特点，哈夫曼最早给出了一个构造哈夫曼树的方法，称哈夫曼算法。

根据给定的 m 个权值 $\{w_1, w_2, \cdots, w_m\}$ 构造哈夫曼树的过程如下：

① 根据给定的 m 个结点构造 m 棵只有根结点的二叉树，m 棵二叉树构成一个森林 F。

② 在森林 F 中选出两棵根结点权值最小的二叉树作为左右子树构造一棵新的二叉树，并且将新的二叉树的根结点的权值设为其左右子树上根结点的权值之和。

③ 在森林 F 中删除作为左、右子树的这两棵二叉树，并将新得到的二叉树加入森林 F。

④ 重复步骤②和③，直到森林 F 中只剩一棵二叉树为止。这棵二叉树便是所求的哈夫曼树。

图 3-67 给出了前面提到的叶子结点权值集合为 $W = \{7, 5, 2, 3\}$ 的哈夫曼树的构造过程。

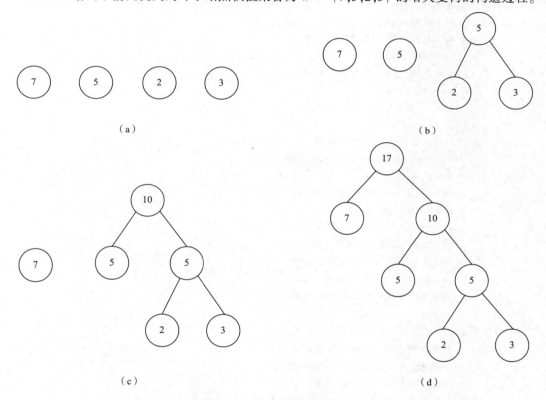

图 3-67　哈夫曼树的构造过程

在构造哈夫曼树时，首先选择权值最小的结点，以保证权值大的结点离根较近，这样一来，在计算树的带权路径长度时，自然会得到最小带权路径长度。对于同一组给定的叶子结点的权值所构造的哈夫曼树，树的形状可能不同，但带权路径长度值是相同的，一定是最小的。

上述构造哈夫曼树及计算其 WPL 的实现代码如下：

```
class Node(object):
    def __init__(self, weight):
        # 结点的权值
        self.weight = weight
        self.left = None
```

```python
            self.right = None
            # 是否是新构造的根结点，新构造的根结点在 WPL 中不参加计算
            self.isNew = False
        # 对结点间进行排序
        def __gt__(self, other):
            return self.weight > other.weight
class HuffmanTree(object):
    def __init__(self, nodeList):
        self.WPL = 0
        self.root = self.CreateHuffmanTree(nodeList)
    # 创建哈夫曼树
    def CreateHuffmanTree(self, nodeList):
        # 如果当前森林中二叉树棵树大于 1
        while len(nodeList) > 1:
            # 对森林中的二叉树进行排序
            nodeList.sort()
            # 获取根结点最小的二叉树
            left = nodeList.__getitem__(0)
            # 获取根结点次小的二叉树
            right = nodeList.__getitem__(1)
            # 构造新结点
            newNode = Node(left.weight + right.weight)
            newNode.isNew = True
            # 将新结点的左孩子指针指向 left 节点
            newNode.left = left
            # 将新结点的右孩子指针指向 right 节点
            newNode.right = right
            # 从森林中删除已选择的二叉树
            nodeList.pop(0)
            nodeList.pop(0)
            # 将新构造的二叉树加入到森林
            nodeList.append(newNode)
        return nodeList.__getitem__(0)
    # 计算哈夫曼树的 WPL
    def Calculate_WPL(self, node, level):
        if node != None:
            if not node.isNew:
                self.WPL += node.weight * level
            self.Calculate_WPL(node.left, level + 1)
            self.Calculate_WPL(node.right, level + 1)
# 主程序
if __name__ == '__main__':
    nodeList = []
    nodeList.append(Node(7))
    nodeList.append(Node(5))
```

```
nodeList.append(Node(2))
nodeList.append(Node(3))
hTree = HuffmanTree(nodeList)
hTree.Calculate_WPL(hTree.root, 0)
print("哈夫曼树的 WPL 为:",hTree.WPL)
```

大家都会用压缩和解压缩软件来处理文件，以减少占用磁盘的存储空间和提高网络传输文件的效率。但是把文件压缩而又能正确还原是如何做到的呢？其实压缩文件的原理就是将压缩的文本或二进制代码进行重新编码，以减少不必要的空间，尽管现在的编码解码技术已经非常强大，但这一切都来源于最初的积累，那就是最基本的压缩编码方法哈夫曼编码。

在进行数据压缩时，为了使压缩后的数据文件尽可能短，可采用不定长编码。其基本思想是，为出现次数较多的字符编以较短的编码。为确保对数据文件进行有效的压缩和对压缩文件进行正确的解码，可以利用哈夫曼树来设计二进制编码，其实质为创建一棵哈夫曼树。

在图 3-68 所示的哈夫曼树中，约定左分支标记为 0，右分支标记为 1，则根结点到每个叶子结点路径上的 0、1 序列即为相应字符的编码。

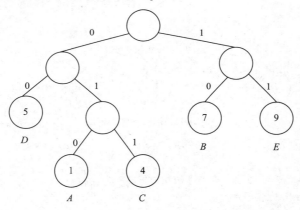

图 3-68　哈夫曼编码

各字符的哈夫曼编码如下：A 为 010；B 为 10；C 为 011；D 为 00；E 为 11。

通常我们在获取某一叶子结点对应的字符编码时，可以从根结点开始沿分支到达该叶子结点，由于哈夫曼树的每一个结点都包含一个指向其双亲结点的指针，因此也可以从叶子结点沿分支到达根结点，接下来基于这一方法介绍获取哈夫曼树中每一叶子结点对应字符的哈夫曼编码的具体实现代码。

```
#哈夫曼编码函数
    def HuffmanEncoding(self,Root,Nodes,Codes):
        index = range(len(Nodes))
        for item in index:
            tmp = Nodes[item]
            tCode = ''
            while tmp is not Root:
                if tmp.parent.LeftChild is tmp:
```

```
                tCode = '0' + tCode
            else:
                tCode = '1' + tCode
            tmp = tmp.parent
        Codes.append(tCode)
```

视频

比赛分组

任务实现

1. 基础准备

在高校篮球比赛中，晋级方式采取的是单场淘汰制。通过多轮两两比赛之后，最终产生总决赛的两个队伍，然后产生冠军。这个淘汰过程正好是一棵二叉树。

如图 3-69 所示，其中 A、B、C、D、E、F、G 分别代表高校球队。将最后比赛分组结果以二叉树形式表达出来，并遍历得到比赛分组信息。

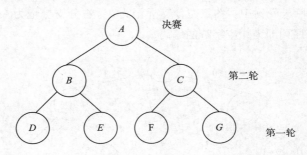

图 3-69 比赛分组示意图

2. 代码实现

```python
# 定义一个二叉树的结点类，该类包含结点的相关信息
class BinaryTreeNode(object):
    def __init__(self):
        self.data = '#'
        self.left = None
        self.right = None
# 定义二叉树类，提供创建、先序、后序、中序遍历的方法
class BinaryTree(object):
    # 创建二叉树
    def CreateBinaryTree(self, root):
        data = input(' - > ')
        if data == '#':
            root = None
        else:
            root.data = data
            root.left = BinaryTreeNode()
            self.CreateBinaryTree(root.left)
            root.right = BinaryTreeNode()
            self.CreateBinaryTree(root.right)
```

```python
        # 先序遍历
        def Pre_order(self,root):
            if root != None:
                self.Visit_node(root)
                self.Pre_order(root.left)
                self.Pre_order(root.right)

        # 中序遍历
        def In_order(self,root):
            if root != None:
                self.In_order(root.left)
                self.Visit_node(root)
                self.In_order(root.right)

        # 后序遍历
        def Post_order(self,root):
            if root != None:
                self.Post_order(root.left)
                self.Post_order(root.right)
                self.Visit_node(root)

        #访问结点
        def Visit_node (self,BinaryTreeNode):
            if BinaryTreeNode.data != '#':
                print(BinaryTreeNode.data)

#主程序
TN = BinaryTreeNode()
T = BinaryTree()
print('创建一棵二叉树显示比赛分组结果\n')
print ('        A')
print ('       / \\')
print ('      B   C')
print ('     / \\ / \\')
print ('    D E F G')
print ('A B D # # E # # C F # # G # #')
#创建一棵二叉树
print('请仿照上述序列,输入各高校球队(#表示空结点),每输入一个值按回车换行:')
T.CreateBinaryTree(TN)
print ('对二叉树进行先序遍历:\n')
#先序遍历二叉树
T.Pre_order(TN)
print ('对二叉树进行中序遍历:\n')
```

```
#中序遍历二叉树
T.In_order(TN)
print('对二叉树进行后序遍历:\n')
#后序遍历二叉树
T.Post_order(TN)
```

习题

1. 由三个结点可以构造出（　　）种不同的二叉树。
   A. 2　　　　　　　B. 3　　　　　　　C. 4　　　　　　　D. 5

2. 设 T 是一棵完全二叉树，则 T 的根结点左子树的结点数 $n1$ 与右子树的结点数 $n2$ 相比，有（　　）。
   A. $n1 = n2$　　　B. $n1 < n2$　　　C. $n1 \geq n2$　　　D. 关系随机

3. 一棵完全二叉树上有 1 001 个结点，则叶子结点的个数是（　　）。
   A. 250　　　　　B. 500　　　　　C. 254　　　　　D. 501

4. 若一颗二叉树具有 10 个度为 2 的结点，5 个度为 1 的结点，则度为 0 的结点的个数是（　　）。
   A. 9　　　　　　B. 11　　　　　　C. 15　　　　　　D. 不能确定

5. 下面对二叉树描述错误的是（　　）。
   A. 每个结点最多有两棵子树
   B. 二叉树中只有度为 0、1 或 2 的结点
   C. 二叉树是有序的
   D. 二叉树的每个结点都有左子树和右子树

6. 具有 56 个结点的完全二叉树的高度为（　　）。
   A. 3　　　　　　B. 4　　　　　　C. 5　　　　　　D. 6

7. 在下列存储形式中，（　　）不是树的存储形式。
   A. 顺序存储表示法　　　　　　　　B. 双亲表示法
   C. 孩子链表表示法　　　　　　　　D. 孩子兄弟表示法

8. 利用二叉链表存储树，则根结点的右指针（　　）。
   A. 指向最左孩子　B. 指向最右孩子　C. 为空　　　　　D. 非空

9. 引入二叉线索树的目的是（　　）。
   A. 加快查找结点的前驱或后继的速度
   B. 在二叉树中方便地进行插入与删除
   C. 方便地找到双亲
   D. 使二叉树的遍历结果唯一

10. 一棵二叉树的后序遍历序列为 ACDBGIHFE，它的中序遍历序列为 ABCDEFGHI，它的先序遍历序列是（　　）。
    A. EACDBFGIH　B. EBADCFHGI　C. ECDABGIHF　D. EDCABHIGF

11. 请设计一个算法，输出图 3-70 中二叉树的先序序列、中序序列和后序序列。

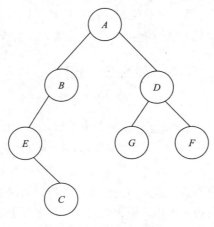

图 3-70　一棵二叉树

任务 3.5　用图技术实现 "设计游玩路线"

任务描述

李雷一家计划在 4 月份进行春游，他们将驾车去净月潭国家森林公园游玩。为了节约在路上的时间，李雷需要提前规划从家到净月潭国家森林公园的路线，使得在路上的时间最短。图 3-71 所示为从家到净月潭的可选路线，图中的数值为某段路程驾车所需的时间。请编写代码帮助李雷寻找从家到净月潭耗时最短的路线。

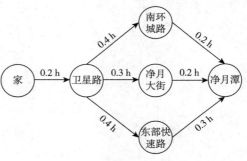

图 3-71　地图

学习目标

知识目标	掌握图的常用术语及存储结构； 掌握图的遍历方法； 掌握图的几种常用应用算法
能力目标	能够用邻接矩阵和邻接表存储图； 能够实现图的深度优先遍历和广度优先遍历操作； 能够构造最小生成树； 能够利用 Dijkstra 算法求解最短路径
素质目标	培养坚持不懈的钻研能力； 培养实际应用的实践能力

知识学习

图结构是一种比线性表和树更为复杂的非线性数据结构。在图结构中结点之间的关系可以

3.5.1 图

视频

图的定义及基本术语

1. 图的定义

图（graph）是由顶点和边组成的，顶点表示图中的数据元素，边表示数据元素之间的关系，记为 $G = (V,E)$，其中 V 是图 G 中顶点的有穷非空集合，E 是图 G 中顶点 V 之间边的有穷集合，可以为空。若 E 为空，则图 G 只有顶点，没有边。

若两个顶点之间的边没有方向，则称这条边为无向边。给定图 $G = (V,E)$，若该图中每条边都是无向边，则称该图为无向图。对图 G 中顶点 v_x 和顶点 v_y 的关系，可用无序对 (v_x,v_y) 表示，它是连接 v_x 和 v_y 的一条边。如图 3-72 所示的无向图，其中 $V = \{v_1,v_2,v_3,v_4,v_5\}$，$E = \{(v_1,v_2),(v_1,v_3),(v_1,v_5),(v_2,v_4),(v_3,v_5)\}$。

若两个顶点之间的边有方向，则称这条边为有向边或弧。给定图 $G = (V,E)$，若该图中每条边都是有方向的，则称该图为有向图。对图 G 中顶点 v_x 和顶点 v_y 的关系，可用有序对 $\langle v_x,v_y \rangle$ 表示，它是从 v_x 到 v_y 的一条弧，其中 v_x 被称为弧尾或起点，v_y 被称为弧头或终点。如图 3-73 所示的有向图，其中 $V = \{v_1,v_2,v_3,v_4\}$，$E = \{\langle v_1,v_2 \rangle,\langle v_1,v_3 \rangle,\langle v_3,v_4 \rangle,\langle v_4,v_1 \rangle\}$。

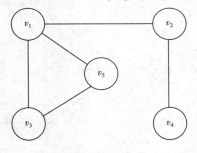

图 3-72　无向图

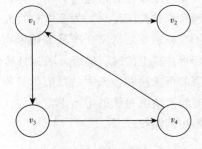

图 3-73　有向图

注意：在有向图中，$\langle v_x,v_y \rangle$ 和 $\langle v_y,v_x \rangle$ 表示两条不同的弧，如顶点 v_1 到顶点 v_2 之间的弧可表示为 $\langle v_1,v_2 \rangle$，不能表示为 $\langle v_2,v_1 \rangle$。

2. 图的基本术语

① 子图：对于图 $G = (V,E)$ 和图 $G' = (V',E')$，若 $V' \subseteq V$ 且 $E' \subseteq E$，则称 G' 为 G 的子图。如图 3-74 所示为图 3-73 的子图示例。

② 无向完全图：在无向图中，如果任意两个顶点之间都存在边，则称该图为无向完全图。若其顶点的总数目为 n，则其边的总数目为 $\frac{n(n-1)}{2}$。如图 3-75 所示为无向完全图。

③ 有向完全图：在有向图中，如果任意两个顶点之间都存在方向相反的两条弧，则称该图为有向完全图。若其顶点的总数目为 n，则其弧的总数目为 $n(n-1)$。如图 3-76（a）所示为有向完全图，图 3-76（b）为非有向完全图。

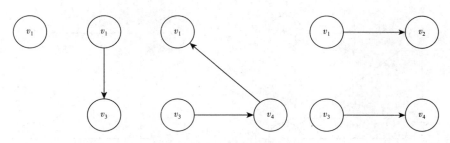

图 3-74 有向图的子图示例

④ 稀疏图和稠密图：有很少条边或弧的图称为稀疏图；反之称为稠密图。

⑤ 权和网：在实际应用中，每条边或弧可被赋予具有某种意义的数值，该数值称为该边上的权值。权值可表示从一个顶点到另一个顶点的距离或其他相关信息，这种带权的图被称为网，图 3-77 所示为网。

⑥ 邻接和依附：对于无向图 $G = (V,E)$，任意两个顶点 v_x 和 v_y，若存在边 (v_x,v_y)，则称顶点 v_x 和顶点 v_y 互为邻接点，即 v_x 和 v_y 相邻

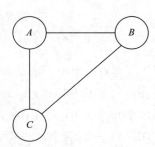

图 3-75 无向完全图

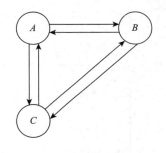
（a）有向完全图

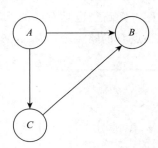
（b）非有向完全图

图 3-76 图的示例

接；同时称边 (v_x, v_y) 依附于顶点 v_x 和顶点 v_y，或者称边 (v_x, v_y) 与顶点 v_x 和顶点 v_y 相关联。图 3-78（a）中，顶点 A 和 B、C、D 互为邻接点，边 (A,B) 依附于顶点 A 和顶点 B；由于顶点 B 和顶点 D 之间不存在边 (B,D)，因此顶点 B 和顶点 D 不互为邻接点，顶点 B 的邻接点只有 A。

对于有向图 $G = (V,E)$，任意两个顶点 v_x 和 v_y，若存在弧 $\langle v_x, v_y \rangle$，则称顶点 v_x 邻接到顶点 v_y，顶点 v_y 邻接自顶点 v_x；同时称弧 $\langle v_x, v_y \rangle$ 依附于顶点 v_x 和顶点 v_y，或者称弧 $\langle v_x, v_y \rangle$ 与顶点 v_x 和顶点 v_y 相关

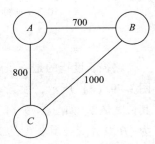

图 3-77 带权的网

联。图 3-78（b）中，顶点 A 邻接到顶点 B，顶点 B 邻接自顶点 A，弧 $\langle A,B \rangle$ 依附于顶点 A 和顶点 B；由于不存在弧 $\langle B,A \rangle$，因此顶点 B 不会邻接到 A，顶点 A 也不会邻接自 B。

⑦ 顶点的度、入度、出度：在无向图中，顶点 v 的度等于与该顶点相关联的边的数目，记为 $TD(v)$。图 3-78（a）顶点 A 的度 $TD(A) = 3$。

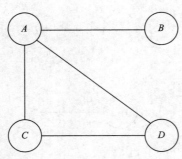
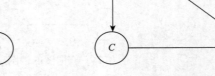

(a) 无向图示例　　　　　　　　(b) 有向图示例

图 3-78　无向图和有向图

在有向图中，顶点 v 的度分为入度和出度。入度是以顶点 v 为弧头的弧的数目，记为 $ID(v)$；出度是以顶点 v 为弧尾的弧的数目，记为 $OD(v)$。顶点 v 的度等于其出度与入度之和，即 $TD(v) = ID(v) + OD(v)$。图 3-78（b）中，顶点 A 的入度为 1，即 $ID(A) = 1$；出度为 2，即 $OD(A) = 2$；顶点 A 的度为 $TD(A) = ID(A) + OD(A) = 1 + 2 = 3$。

⑧ 路径和路径长度：在无向图 $G = (V, E)$ 中，从顶点 v_1 到顶点 v_n 的路径是一个顶点序列 $(v_1, v_2, \cdots, v_{n-1}, v_n)$。如图 3-79（a）所示，顶点 A 到顶点 E 的路径之一为 (A, B, E)。如果 $G = (V, E)$ 是有向图，则路径也是有向的，顶点序列应为 $\langle v_1, v_2, \cdots, v_{n-1}, v_n \rangle$。如图 3-79（b）所示，顶点 A 到顶点 D 的路径之一为 $\langle A, B, D \rangle$。

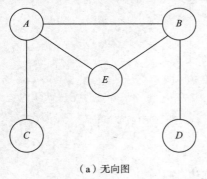
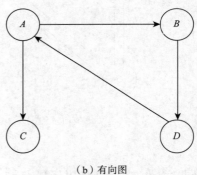

(a) 无向图　　　　　　　　　　(b) 有向图

图 3-79　无向图和有向图示例

路径长度指的是一条路径上经过的边或弧的数目。如图 3-79（a）所示，顶点 A 到顶点 D 的路径为 (A, B, D)，其长度是 2。如图 3-79（b）所示，顶点 B 到顶点 C 的路径为 $\langle B, D, A, C \rangle$，其长度是 3。

简单路径指路径中没有重复顶点的序列。

⑨ 回路或环：路径中第一个顶点和最后一个顶点相同，则称之为回路或环。如图 3-80 所示，路径 $(A, B, C, D, E, C, D, E, A)$ 为环。

若在某一回路中，除第一个顶点和最后一个顶点外，其余顶点均不重复出现，则称该回路为简单回路或简单环。

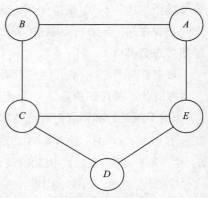

图 3-80　存在环的图

如图 3-30 中，路径 (A,B,C,D,E,A) 为简单回路。

⑩ 连通图和连通分量：在无向图中，如果从顶点 v_x 到顶点 v_y 有路径，则称顶点 v_x 和顶点 v_y 是连通的。如果图中任意两个顶点都是连通的，则称该图为连通图。图 3-81（a）所示的是连通图，而图 3-81（b）是非连通图。

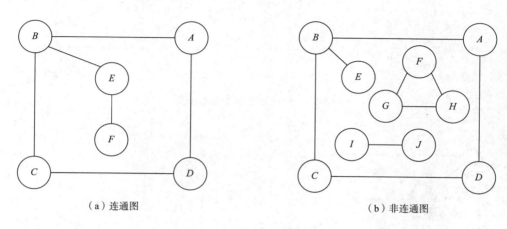

图 3-81　连通图和非连通图

在无向图中，某一个连通子图不包含在其他连通子图内，即称为极大连通子图。所谓连通分量，指的是非连通图中的极大连通子图。如图 3-82 所示的三个图均为图 3-81（b）的极大连通子图。

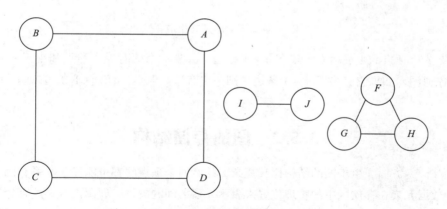

图 3-82　连通分量

⑪ 强连通图和强连通分量：在有向图中，对于两个顶点 v_x 和 v_y，如果从顶点 v_x 到顶点 v_y 和从顶点 v_y 到顶点 v_x 均有路径，则称两个顶点强连通。如果有向图中的任意两个顶点都强连通，则称该有向图为强连通图。图 3-83（a）为强连通图。若有向图本身不是强连通图，但其包含的极大强连通子图具有强连通图的性质，则称该子图为强连通分量。如图 3-83（c）所示的是图 3-83（b）中包含的两个强连通分量。

⑫ 生成树：n 个顶点的连通图 G 的生成树是包含 G 中全部顶点的一个极小连通子图，它含有 n 个顶点和足以构成一棵树的 $n-1$ 条边。极小连通子图就是既要保证图的流畅，又要使边数

最少。图 3-84 为一个无向图及其生成树。

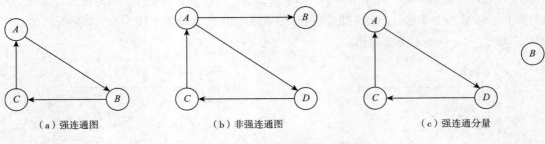

（a）强连通图　　　　　（b）非强连通图　　　　　（c）强连通分量

图 3-83　强连通图和强连通分量

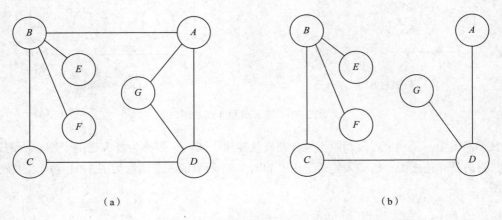

（a）　　　　　　　　　　　　　　　　（b）

图 3-84　无向图及其生成树

一棵有 n 个顶点的生成树有且仅有 $n-1$ 条边。如果一个图有 n 个顶点和小于 $n-1$ 条边，则它是非连通图。如果它有多于 $n-1$ 条边，则一定有环。但是，有 $n-1$ 条边的图不一定是生成树。

3.5.2　图的存储结构

● 视 频

图的存储结构

一方面，由于图的结构比较复杂，任意两个顶点间都可能存在联系，因此无法以数据元素在存储区中的物理位置来表示元素之间的关系，即图没有顺序存储结构，但可以借助于二维数组来表示其元素之间的关系，即采用邻接矩阵表示法。另一方面，由于图的任意两个顶点间都可能存在关系，因此，可用链式存储表示图，图的链式存储有多种，有邻接表、十字链表和邻接多重表，应根据实际需要选择不同的存储结构。

1. 邻接矩阵

邻接矩阵存储结构采用两个数组来表示图，一个是一维数组，存储图中所有顶点的信息；另一个是二维数组，即邻接矩阵，存储顶点间的关系。假设图的顶点有 n 个，则可以用大小为 $n \times n$ 的二维数组来存储每两个顶点之间的边的信息。

① 无向无权图：假设存储顶点的一维数组为 vertex，存储边的二维数组为 arc，若顶点 x 到

顶点 y 是连通的，则有 $\mathrm{arc}[x][y] = 1$；若顶点 x 到顶点 y 不是连通的，则有 $\mathrm{arc}[x][y] = 0$。无向无权图的邻接矩阵示例如图 3-85 所示。

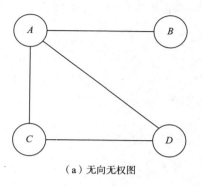
（a）无向无权图

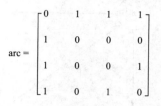
（b）无向无权图的邻接矩阵

图 3-85　无向无权图及其邻接矩阵

② 有向无权图：假设存储顶点的一维数组为 vertex，存储边的二维数组为 arc，若顶点 x 到顶点 y 是连通的，则有 $\mathrm{arc}[x][y] = 1$；若顶点 x 到顶点 y 不是连通的，则有 $\mathrm{arc}[x][y] = 0$。有向无权图的邻接矩阵示例如图 3-86 所示。

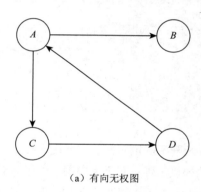
（a）有向无权图

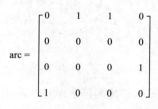
（b）有向无权图的邻接矩阵

图 3-86　有向无权图及其邻接矩阵

③ 无向有权图：假设存储顶点的一维数组为 vertex，存储边的二维数组为 arc，若顶点 x 到顶点 y 是连通的，则有 $\mathrm{arc}[x][y] = w_{xy}$，其中 w_{xy} 表示顶点 x 和顶点 y 之间边的权值；若顶点 x 到顶点 y 不是连通的，则有 $\mathrm{arc}[x][y] = \infty$。无向有权图的邻接矩阵示例如图 3-87 所示。

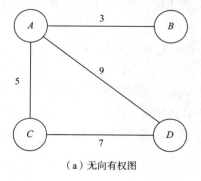
（a）无向有权图

$$\mathrm{arc} = \begin{bmatrix} \infty & 3 & 5 & 9 \\ 3 & \infty & \infty & \infty \\ 5 & \infty & \infty & 7 \\ 9 & \infty & 7 & \infty \end{bmatrix}$$

（b）无向有权图的邻接矩阵

图 3-87　无向有权图及其邻接矩阵

④ 有向有权图：假设存储顶点的一维数组为 vertex，存储边的二维数组为 arc，若顶点 x 到顶点 y 是连通的，则有 $arc[x][y] = w_{xy}$，其中 w_{xy} 表示顶点 x 和顶点 y 之间边的权值；若顶点 x 到顶点 y 不是连通的，则有 $arc[x][y] = \infty$。有向有权图的邻接矩阵示例如图 3-88 所示。

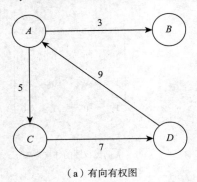
（a）有向有权图

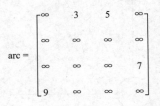
（b）有向有权图的邻接矩阵

图 3-88 有权有向图及其邻接矩阵

为了使用邻接矩阵存储结构存储图，定义一个 Graph 类用于表示图，具体代码如下：

```
class Graph(object):
    def __init__(self,kind):
        self.kind = kind        # 图的类型，0 无向图、1 无向网、2 有向图、3 有向网
        self.vertex = []        # 顶点集
        self.arc = []           # 邻接矩阵
        self.arcnum = 0         # 顶点数
        self.vertexnum = 0      # 边或弧的数
```

图的邻接矩阵表示法具有以下特点：

① 无向图的邻接矩阵一定是对称的，而有向图的邻接矩阵不一定对称。因此用邻接矩阵来表示一个具有 n 个顶点的有向图时，需要 n^2 个单元来存储邻接矩阵；对于无向图，由于其对称性，所以对规模较大的邻接矩阵可采用压缩存储的方式。只需对其上三角（或下三角）的元素进行存储，故只需 $\frac{n(n-1)}{2}$ 个单元。但无论以何种方式存储，对于稀疏图而言都浪费空间，因此邻接矩阵更适用于存储稠密图。

② 对于无向图，邻接矩阵的第 i 行或第 i 列非零元素的个数正好是第 i 个顶点的度；对于有向图，邻接矩阵的第 i 行非零元素的个数正好是第 i 个顶点的出度，第 i 列非零元素的个数正好是第 i 个顶点的入度。

③ 对于无向图，图中边的数目是矩阵中 1 的个数的一半；对于有向图，图中弧的数目是矩阵中 1 的个数。

④ 由于创建邻接矩阵时，输入顶点的顺序可能不同，因此一个图的邻接矩阵并不是唯一的。

⑤ 邻接矩阵表示法便于确定图中任意两个顶点间是否有边相连，若 $arc[x][y] = 1$ 或等于权值则有边，否则无边。但是，要确定图中有多少条边，需要查找邻接矩阵所有元素才能完成，时间复杂度为 $O(n^2)$。

2. 邻接表

邻接表是图的一种链式存储结构。在邻接表中，对图中每个顶点建立一个单链表，把与顶点相邻接的顶点放在这个链表中。邻接表中每个单链表的第一个结点存放有关顶点的信息，把这一结点看成链表的表头，其余结点存放有关边的信息，所以在使用邻接表存储图时，通常将图分为两部分，头结点和表结点。

（1）头结点

所有头结点以顺序结构的形式存储，以便可随机访问任一顶点的边链表。头结点使用数据域 data 来存储图中每一个顶点的值，并使用链域 firstarc 指向链表中第一个结点，这一部分通常使用数组来存储，如图 3-89 所示。

（2）表结点

每一条边或弧都存储在一个结点中，该结点由邻接点域 adjacent、数据域 info 和链域 nextarc 组成，这些结点形成了若干个单链表。其中邻接点域指向与顶点邻接的点在图中的位置；数据域存储和边相关的信息，如权值；链域指向与顶点邻接的下一条边的结点，如图 3-90 所示。

data	firstarc

图 3-89　头结点

adjacent	info	nextarc

图 3-90　表结点

如图 3-91（a）所示的无向网，其对应的邻接表如图 3-91（b）所示。其中顶点 A 的邻接点为 B、C、E，其对应的元素下标为 1、2、4，因此对应结点的 adjacent 域值为 1、2、4；与顶点 A 相关联的边为（A,B）、（A,C）、（A,E），权值分别为 1、2、3，因此对应的结点 info 域值为 1、2、3。

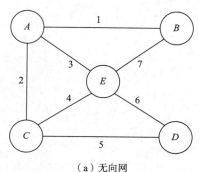

（a）无向网

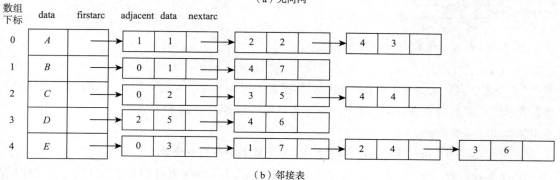

（b）邻接表

图 3-91　无向网及其邻接表

如图 3-92（a）所示的有向网，其对应的邻接表如图 3-92（b）所示。

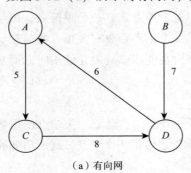
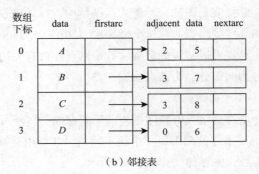

（a）有向网　　　　　　　　　　　　（b）邻接表

图 3-92　有向网及其邻接表

根据上述讨论，要定义一个邻接表，需要先定义其存放顶点的头结点和表结点。图的邻接表存储结构代码实现如下：

```python
# 结点信息
class VertexList(object):
    def __init__(self,data):
        self.data = data # 顶点值
        self.firstarc = None

# 边信息
class ArcList(object):
    def __init__(self,adjacent):
        self.adjacent = adjacent
        self.info = None
        self.nextarc = None

# 定义一个图
class GraphList(object):
    def __init__(self,kind):
        self.kind = kind # 图的类型
        self.vertexnum = 0 # 顶点数
        self.arcnum = 0 # 边或弧的数目
        self.vertices = [] # 邻接表
```

图的邻接表表示法具有以下特点：

① 对于一个具有 n 个顶点、m 条边的图 G，若 G 是无向图，则其邻接表表示中有 n 个头结点和 $2m$ 个表结点；若 G 是有向图，则它的邻接表表示中有 n 个头结点和 m 个表结点。因此邻接表表示的空间复杂度为 $O(n+m)$。由于稀疏图中的顶点数远大于边数，所以对于稀疏图，采用邻接表存储更节省空间。

② 对于无向图，邻接表中顶点 i 的度是第 i 个链表中的结点个数。

③ 对于有向图，若某一顶点在数组中的存储下标为 i，则该顶点的出度为其对应链表中结点的总数，入度为邻接表中 adjacent 域内值为 i 的结点的总数。

④ 将图中存储边或弧的结点通过不同的顺序链接起来会形成不同的单链表，这就意味着一个图的邻接表并不是唯一的。

⑤ 邻接表法按表结点顺序查找所有表结点可得到边的数目，时间复杂度为 $O(n+m)$，但是不便于判断顶点之间是否有边，要判定顶点 i 和顶点 j 之间是否有边，就需查找第 i 个表结点，最坏情况下时间复杂度为 $O(n)$。

3. 十字链表

十字链表通常用于存储有向图，在使用十字链表存储有向图时，可将其分为两个部分，分别是顶点结点和弧结点。通常所有的顶点结点存储在数组中，而所有的弧结点存储在单链表中。在这一存储结构中，可以很容易地计算图中某一顶点的出度和入度。这些结点的结构如图 3-93 所示。

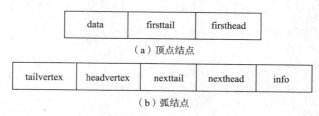

图 3-93 顶点结点和弧结点的结构

顶点结点由三个域组成，其中 data 域存储和顶点相关的信息，如顶点的值；firsttail 域指向以该顶点为弧尾的第一个弧结点；firsthead 指向以该顶点为弧头的第一个弧结点。

弧结点由五个域组成，其中 tailvertex 域存储当前弧的弧尾在数组中的下标，headvertex 域存储存储当前弧的弧头在数组中的下标，nexttail 域指向与当前弧的弧尾相同的下一条弧，nexthead 域指向与当前弧的弧头相同的下一条弧，info 域存储当前弧的其他信息。

图 3-94（a）为有向图，其对应的十字链表如图 3-94（b）所示。

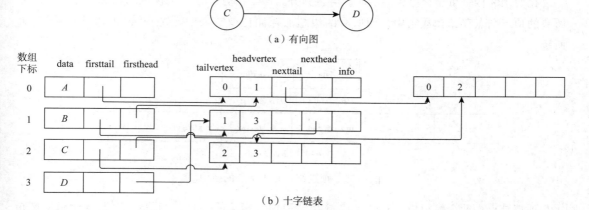

图 3-94 有向图及其十字链表

图的十字链表存储结构实现代码如下：

```python
# 定义图中的顶点
class VertexList(object):
    def __init__(self,data):
        self.data = data
        self.firsthead = None
        self.firsttail = None

# 定义图中的弧
class ArcList(object):
    def __init__(self,tailvertex,headvertex):
        self.tailvertex = None
        self.headvertex = None
        self.nexttail = None
        self.nexthead = None
        self.info = None

# 定义一个有向图
class GraphList(object):
    def __init__(self,kind):
        self.vertexnum = 0
        self.arcnum = 0
        self.vertices = []
```

4. 邻接多重表

邻接多重表是无向图的另一种链式存储结构。在使用邻接表存储无向图时，容易求得顶点和各边的信息，但是无向图中每条边对应两个顶点，这两个顶点分别在两个不同的单链表中，这给无向图的某些操作带来不便。例如在图中删除一条边的时候，要找到表示同一条边的两个结点，即需要对邻接表中的两条单链表执行删除操作。所以在进行这一类操作的无向图中采用邻接多重表作为存储结构更为适宜。

在使用邻接多重表存储无向图时，可将其分为两个部分，分别是顶点结点和边结点。通常所有的顶点结点存储在数组中，而所有的边结点存储在单链表中。这些结点的结构如图 3-95 所示。

图 3-95　顶点结点和边结点的结构

顶点结点由两个域组成，其中 data 域存储和顶点相关的信息，如顶点的值；firstedge 域指向第一条依附于该顶点的边。

弧结点由六个域组成，其中 mark 域为标志域，用于标记该边是否被访问过，vertexone 域和 vertextwo 域存储当前边的两个顶点在数组中的下标，nextedgeone 域指向与 vertexone 对应的顶点相关联的下一条边，nextedgetwo 域指向与 vertextwo 对应的顶点相关联的下一条边，info 域存储当前边的其他信息。

图 3-96（a）的无向图，其对应的邻接多重表如图 3-96（b）所示。

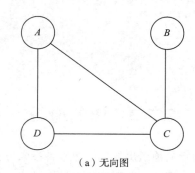

（a）无向图

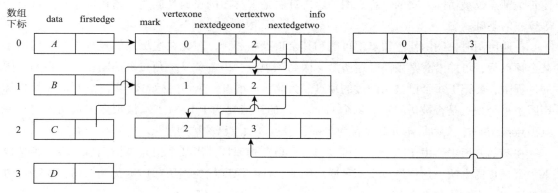

（b）邻接多重表

图 3-96　无向图及其邻接多重表

图的邻接多重表存储结构实现代码如下：

```python
# 定义无向图中的顶点
class VertexMultitable(object):
    def __init__(self,data):
        self.data = data
        self.firstedge = None

# 定义无向图中的边
class Edge(object):
    def __init__(self,VertexOne,VertexTwo):
        self.mark = None
        self.vertexone = None
```

```
            self.nextedgeone = None
            self.vertextwo = None
            self.nextedgetwo = None
            self.info = None

#定义一个无向图
class GraphMultitable(object):
    def __init__(self,kind):
        self.vertexnum = 0
        self.edgenum = 0
        self.vertices = []
```

3.5.3 图的遍历

图的遍历就是从图中任意给定的顶点出发，按照某种搜索方法，访问图中其余的顶点，且使每个顶点仅被访问一次的过程。图的遍历算法是求解图的连通性问题、拓扑排序和关键路径等算法的基础。

在遍历图时，图的任意顶点都可能和其余顶点相邻接，因此在遍历图的过程中，在访问了某个顶点后，可能沿着某条路径遍历后又回到该顶点，为避免某个顶点被访问多次，在遍历图的过程中，要记下每个已被访问过的顶点。为此，可增设一个访问标志数组 visited[n]，用以标识图中每个顶点是否被访问过。每个 visited[i] 的初值置为 False，表示该顶点未被访问过。一旦顶点被访问过，就将 visited[i] 置为 True，表示该顶点已被访问过。

在图的遍历中，由于一个顶点可以与多个顶点相邻接，当某个顶点被访问后，有两种选取下一个顶点的方法，这就形成了两种遍历图的算法：深度优先遍历和广度优先遍历，这两种方法都适用于无向图和有向图。

图的深度优先遍历

1. 深度优先遍历

深度优先遍历（DFS）与树的先序遍历类似，是一个递归的遍历过程。图的深度优先遍历的递归过程如下。

① 从图中的某个顶点 v_i 出发，以顶点 v_i 为起始顶点，访问 v_i。

② 选择一个与顶点 v_i 相邻接且未被访问过的顶点 v_j，访问 v_j。再以 v_j 为新的起始顶点，重复此步骤，直至新的起始顶点没有未被访问过的邻接点。

③ 回溯到前一个访问过的且仍有未被访问的邻接点的顶点，找出该顶点的下一个未被访问的邻接点，访问该顶点。

④ 重复步骤②和③，直至图中所有顶点都被访问过，遍历结束。

图的深度优先遍历的回溯过程需要用到栈，主要使用了栈先进后出的特性。下面对图 3-97 所示的无向图进行深度优先遍历。

① 规定从顶点 A 作为起始顶点，访问 A，将顶点 A 入栈；如图 3-98（a）所示，其中已被访问过的顶点用黑色标记。

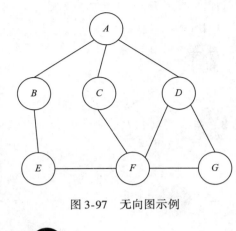

图 3-97 无向图示例

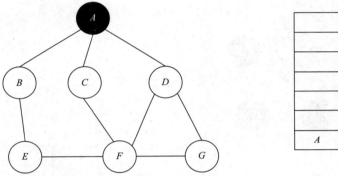

图 3-98（a） 访问起始顶点并将其入栈

② 再从顶点 A 的未被访问过的邻接点 B、C、D 中选取一个进行访问。这里选取顶点 B，访问顶点 B，将 B 入栈；选取顶点 B 的未被访问过的邻接点 E，访问顶点 E，将 E 入栈；选取顶点 E 的未被访问过的邻接点 F，访问顶点 F，将 F 入栈，如图 3-98（b）所示。

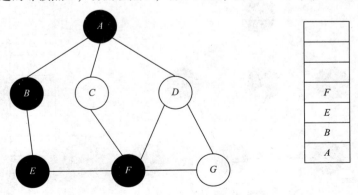

图 3-98（b） 访问 B、E、F 并将其入栈

③ 继续从顶点 F 的未被访问过的邻接点 C、D、G 中选取一个进行访问。这里选取顶点 C，访问顶点 C，将 C 入栈，如图 3-98（c）所示。

④ 顶点 C 被访问过后，发现顶点 C 的邻接点都被访问过了，此时将顶点 C 出栈，回溯到栈

顶 F。选取顶点 F 的未被访问过的邻接点 D、G 中选取一个进行访问。这里选取顶点 G，访问顶点 G，将 G 入栈，如图 3-98（d）所示。

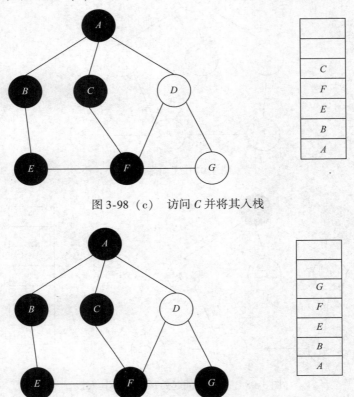

图 3-98（c） 访问 C 并将其入栈

图 3-98（d） 回溯到 F，访问 G 并将其入栈

⑤ 继续访问顶点 G 的未被访问过的邻接点 D，将 D 入栈，如图 3-98（e）所示。

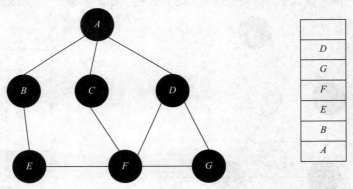

图 3-98（e） 访问 D 并将其入栈

⑥ 顶点 D 被访问过后，发现顶点 D 的邻接点都被访问过了，此时将顶点 D 出栈，回溯到栈顶 G。发现顶点 G 的邻接点都被访问过了，此时将顶点 G 出栈，回溯到栈顶 F。发现顶点 F 的邻接点都被访问过了，此时将顶点 F 出栈，回溯到栈顶 E。发现顶点 E 的邻接点都被访问过了，此时将顶点 E 出栈，回溯到栈顶 B。发现顶点 B 的邻接点都被访问过了，此时将顶点 B 出

栈，回溯到栈顶 A。发现顶点 A 的邻接点都被访问过了，此时将顶点 A 出栈，如图 3-98（f）所示。

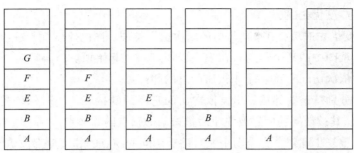

图 3-98（f） 依次出栈

至此，整个图中的每个顶点皆被遍历其仅被遍历一次，遍历结束。按深度优先遍历得到的遍历序列为 $ABEFCGD$。

注意：由于通常情况下图的邻接表并不是唯一的，因此深度优先遍历图时各顶点被访问的顺序可能不同。

深度优先遍历图的实现代码如下：

```
# 初始化列表,将所有顶点标记为未被访问
def DFSTraverse(self):
    visited = []
    index = 0
    while index < self.VertexNum:
        visited.append('False')
        index = index + 1
    index = 0
    while index < self.VertexNum:
        if visited[index] == 'False':
            self.DFS(visited, index)
        index = index + 1
# 深度优先遍历图的递归算法
def DFS(self, visited, Vertex):
    visited[Vertex] = 'True'
    self.VisitVertex(Vertex)
    NextAdjacent = self.GetFirstAdjacentVertex(Vertex)
    while NextAdjacent ! = None:
        if visited[NextAdjacent] == 'False':
            self.DFS(visited, NextAdjacent)
        NextAdjacent = self.GetNextAdjacentVertex(Vertex, NextAdjacent)
```

使用上述算法在遍历含有 n 个顶点的图时，对图中的每一顶点至多调用一次 DFS() 方法，因为一旦某个顶点被标记成已被访问过，就不再从它出发进行遍历。所以递归调用的总次数为 n，时间复杂度为 $O(n)$。遍历图的过程实质上是对每个顶点查找其邻接点的过程，其耗费的时

间取决于所采用的存储结构。当以邻接表作为图的存储结构时,查找邻接点的时间复杂度为 $O(e)$,其中 e 为图中边数。所以深度优先遍历图的时间复杂度为 $O(n+e)$。

2. 广度优先遍历

图的广度优先遍历

广度优先遍历(BFS)与树的层次遍历类似。图的广度优先遍历的过程如下:

① 从图中的某个顶点 v_i 出发,以顶点 v_i 为起始顶点,访问 v_i。

② 依次访问 v_i 的各个未被访问过的邻接点。

③ 分别从这些邻接点出发依次访问它们的邻接点,同时保证先被访问的顶点的邻接点,其被访问的顺序要先于后被访问的顶点的邻接点。

④ 重复步骤③,直至图中所有已被访问的顶点的邻接点都被访问到。

图的广度优先遍历过程需要用到队列,主要使用了队列先进先出的特性。下面对图 3-99 所示的无向图进行广度优先遍历。

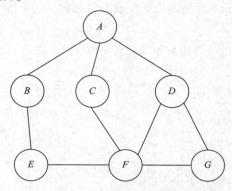

图 3-99　无向图示例

① 规定从顶点 A 作为起始顶点,访问 A,将顶点 A 入队。如图 3-100(a)所示,其中已被访问过的顶点用黑色标记。

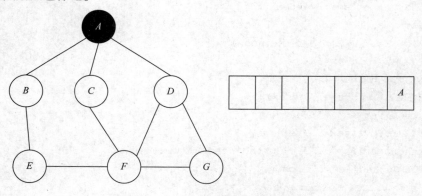

图 3-100(a)　访问顶点 A 并将其入队

② 访问顶点 A 的所有未被访问过的邻接点 B、C、D,将 B、C、D 入队,如图 3-100(b)所示。

③ 此时,顶点 A 的所有邻接点均访问完毕,将顶点 A 出队。顶点 A 出队后,目前队列中的队头元素为顶点 B。继续遍历顶点 B 的所有未被访问过的邻接点,访问 E,并将 E 入队,如图 3-100(c)所示。

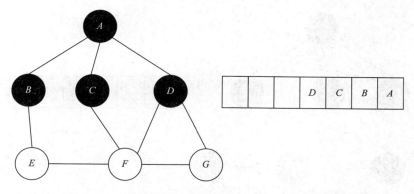

图 3-100（b） 访问 A 的邻接点 B、C、D 并将其入队

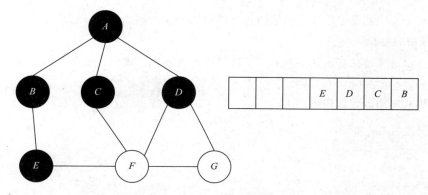

图 3-100（c） 将 A 出队并访问 B 的邻接点 E，将 E 入队

④ 此时，顶点 B 的所有邻接点均访问完毕，将顶点 B 出队。顶点 B 出队后，目前队列中的队头元素为顶点 C。继续遍历顶点 C 的所有未被访问过的邻接点，访问 F，并将 F 入队，如图 3-100（d）所示。

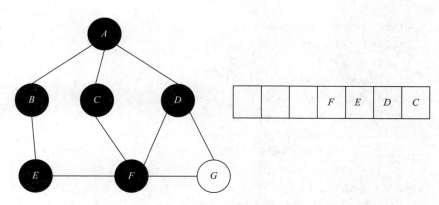

图 3-100（d） 将 B 出队并访问 C 的邻接点 F，将 F 入队

⑤ 此时，顶点 C 的所有邻接点均访问完毕，将顶点 C 出队。顶点 C 出队后，目前队列中的队头元素为顶点 D。继续遍历顶点 D 的所有未被访问过的邻接点，访问 G，并将 G 入队，如图 3-100（e）所示。

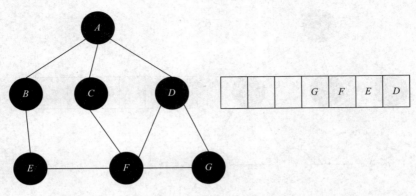

图 3-100 （e） 将 C 出队并访问 D 的邻接点 G，将 G 入队

至此，整个图中的每个顶点皆被遍历且仅被遍历一次，遍历结束。按广度优先遍历得到的遍历序列为 *ABCDEFG*。

注意：由于通常情况下图的邻接表并不是唯一的，因此广度优先遍历图时各顶点被访问的顺序可能不同。

广度优先遍历图的实现代码如下：

```python
# 广度优先遍历图的算法
def BFSTraverse(self):
    visited = []
    index = 0
    Queue = CircularSequenceQueue()
    Queue.InitQueue(10)
    while index < self.VertexNum:
        visited.append('False')
        index = index + 1
    index = 0
    while index < self.VertexNum:
        if visited[index] == 'False':
            visited[index] = 'True'
            self.VisitVertex(index)
            Queue.EnQueue(index)
            while Queue.IsEmptyQueue() == False:
                tVertex = Queue.DeQueue()
                NextAdjacent = self.GetFirstAdjacentVertex(tVertex)
                while NextAdjacent != None:
                    if visited[NextAdjacent] == 'False':
                        visited[NextAdjacent] = 'True'
                        self.VisitVertex(NextAdjacent)
                        Queue.EnQueue(NextAdjacent)
                    NextAdjacent = self.GetNextAdjacentVertex(tVertex, NextAdjacent)
        index = index + 1
```

使用上述算法在遍历含有 n 个顶点的图时，每一顶点至多进一次队列，遍历图的过程实质上是通过边找邻接点的过程，因此广度优先遍历的时间复杂度和深度优先遍历相同。当以邻接表作为图的存储结构时，时间复杂度为 $O(n+e)$。

深度优先遍历是寻找离起点更远的顶点，只有当某个顶点的邻接点都被访问过后才回溯，再选一个最近的顶点，继续深入到更远的地方，路径较长。广度优先遍历是先访问起点的所有邻接点，只有邻接点都被访问过后才向前进，用广度优先遍历可以得到最短路径。

3.5.4 图的应用

现实生活中的许多问题都可以利用图来解决。例如如何以最小成本构建一个通信网络，如何计算地图中两地之间的最短路径，如何为复杂的活动中各子任务的完成寻找较优的顺序等。接下来将介绍图的几个常见的应用算法。

1. 最小生成树

在一个连通网的所有生成树中，各边的权值之和最小的那棵生成树称为最小生成树。

最小生成树在实际生活中很有用。例如，要在 n 个城市之间建立通信网络，则连通 n 个城市只需要 n–1 条线路。但 n 个城市之间最多可以设置 $\frac{n(n-1)}{2}$ 条线路，那么如何在这 $\frac{n(n-1)}{2}$ 条线路中选择 n–1 条线路，使其总代价最小，这个问题就转化为求最小生成树的问题。可用连通网来表示这个通信网络，其中顶点表示城市，边表示城市之间的通信线路，边上的权值表示代价。

构造最小生成树的基本原则有两点，一是尽可能选取权值最小的边，但不能构成回路；二是选择 n–1 条边构成最小生成树。通常构造最小生成树采用 Prim（普里姆）算法或者 Kruskal（克鲁斯卡尔）算法来实现，下面介绍这两种算法。

（1）Prim 算法

首先从某一顶点出发，选择依附在该顶点的边中权值最小的一条边加入树中，并把顶点一起加入树中；再从当前树中的所有顶点发往树外的所有边中选出一条权值最小的一条加入树中，并把顶点一起加入树中；最后重复这个操作，直到所有顶点都在树中，即构造成最小生成树。

视频
Prim算法和 Kruskal算法

如图 3-101 所示的无向网，我们以顶点 A 为起点，并按照上述所说的过程构造最小生成树，如图 3-102 所示。

从以上构造最小生成树的过程可看出普里姆算法是在逐步增加顶点的过程，在每次选择权值最小的边时，可能存在多条同样权值且满足条件的边可以选择，此时任选其一即可。因此，所构造的最小生成树不是唯一的，但各边的权值和是一样的。

用普里姆算法构造最小生成树的实现代码如下：

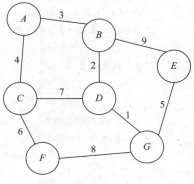

图 3-101 无向网

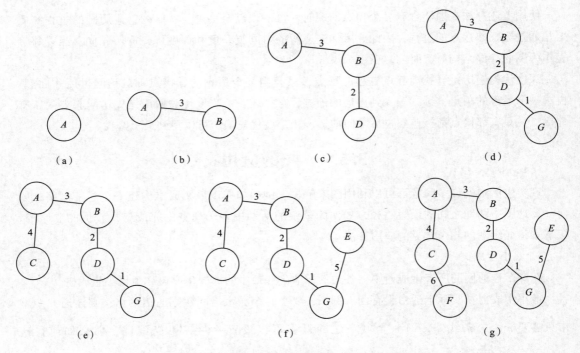

图 3-102　普里姆算法构造最小生成树的过程

```
# Prim 算法
def MiniSpanTreePrim(self, Vertex):
    # arc 存储最小生成树的边,以顶点值对的形式存储
    arc = []
    closedge = [[] for i in range(self.VertexNum)]
    # 以 self.Vertices 中的第 0 个顶点作为根结点,创建最小生成树
    MinEdge = 0
    # closedge[i]包含两个部分,第二部分是与下标 i 表示的顶点相关联的边的最小权值,第二部分
是该边依附于的另一个顶点
    # 0 表示该顶点已经包含在最小生成树内
    index = 0
    # 初始化 closedge
    while index < self.VertexNum:
        closedge[index] = [Vertex, self.Arcs[Vertex][index]]
        index = index + 1
    # 寻找最小生成树的 n - 1 条边
    index = 1
    while index < self.VertexNum:
        # 获取符合条件下权值最小的边,并将其存入 arc
        MinEdge = self.GetMin(closedge)
        arc.append([self.Vertices[closedge[MinEdge][0]].data, self.Vertices[MinEdge].data])
        closedge[MinEdge][1] = 0
```

```
            i = 0
            # 更新 closedge
            while i < self.VertexNum:
                if self.Arcs[MinEdge][i] < closedge[i][1]:
                    closedge[i] = [MinEdge, self.Arcs[MinEdge][i]]
                i = i + 1
            index = index + 1
        print('组成最小生成树的边如下:')
        for item in arc:
            print(item)
    # 获取权值最小的边的方法
    def GetMin(self, closedge):
        index = 0
        MinWeight = float("inf")
        vertex = 0
        while index < self.VertexNum:
            # 当该边(index)存在时,比较其权值是否更小
            if closedge[index][1] != 0 and closedge[index][1] < MinWeight:
                MinWeight = closedge[index][1]
                vertex = index
            index = index + 1
        return vertex
```

Prim 算法的时间复杂度为 $O(n^2)$，它与网中边的数目无关，只与图中顶点的总数目有关，因此普里姆算法适合用于稠密网求最小生成树。

（2）Kruskal 算法

首先初始包含原图的 n 个顶点，子图边数为 0；再将图中所有边按照权值递增的顺序去逐一考虑，若将该边加入子图中不构成环，就把该边加入，否则放弃该边；最后重复该步骤，直至成功选择 $n-1$ 条边，构造成一棵最小生成树；若无法选择出 $n-1$ 条边，则说明该图不连通。

如图 3-101 所示的无向网，按照上述所说的过程构造最小生成树，如图 3-103 所示。

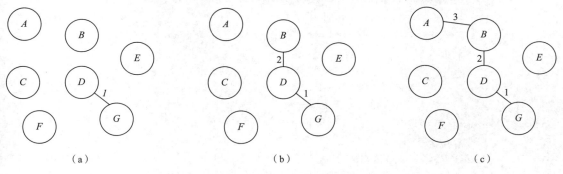

图 3-103　克鲁斯卡尔算法构造最小生成树的过程

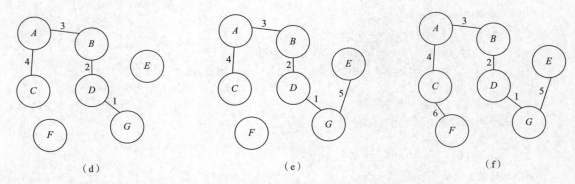

图 3-103 算法构造最小生成树的过程（续）

与普里姆算法不同的是，克鲁斯卡尔算法是逐步增加生成树的边。对图中所有边按权值的升序排列时，由于采用的排序算法不同，权值相等的边的顺序有可能不同，所以构造图的最小生成树的过程可能不同。

用克鲁斯卡尔算法构造最小生成树的实现代码如下：

```
# Kruskal 算法
def MiniSpanTreeKruskal(self, Edges):
    flag = [[] for i in range(self.VertexNum)]
    index = 0
    # 初始化顶点标记,其用于判断顶点是否属于同一连通分量
    while index < self.VertexNum:
        flag[index] = index
        index = index + 1
    index = 0
    # 访问图中的每一条边
    while index < len(Edges):
        VertexOne = self.LocateVertex(Edges[index][0])
        VertexTwo = self.LocateVertex(Edges[index][1])
        # 若边的两个顶点不属于同一连通分量,则该边被保留,并将两个顶点划分到同一连通分量内
        if flag[VertexOne] != flag[VertexTwo]:
            FlagOne = flag[VertexOne]
            FlagTwo = flag[VertexTwo]
            limit = 0
            while limit < self.VertexNum:
                if flag[limit] == FlagTwo:
                    flag[limit] = FlagOne
                limit = limit + 1
            index = index + 1
        else:    # 否则将该边删除
            Edges.pop(index)
```

克鲁斯卡尔算法的时间复杂度为 $O(e\log_2 e)$，其中 e 是网中边的数目。克鲁斯卡尔算法适合于求边稀疏的网的最小生成树。

2. 最短路径

在生活中，我们出门经常面临路径选择的问题，一些复杂的道路需要计算机通过算法得到最佳方案，就可以用最短路径来解决。对于带权值的网来说，最短路径指的是两顶点之间经过的边上的权值之和最小的路径，称路径上的第一个顶点为源点，最后一个顶点是终点。

（1）单源最短路径

Dijkstra（迪杰斯特拉）算法能够解决单源最短路径问题，即可以解决从源点到其余各顶点的最短路径的方法。该算法要把所有顶点分为两个集合，已求出最短路径的顶点为一个集合 S，尚未确定最短路径的顶点为另一个集合 T。首先集合 S 中只有起始顶点 v，集合 T 中是除了 v 之外的顶点；再从集合 T 中找出路径最短的顶点，并将其加入集合 S 中，接着更新集合 T 中的顶点到起始顶点的距离；最后重复该操作，直到所有顶点加入集合 S 中。

Dijkstra算法求单源最短路径

用 Dijkstra 算法求图 3-104 的有向网的顶点 A 到其余各个顶点的最短距离。

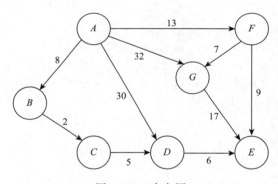

图 3-104 有向网

选取顶点 A，将顶点 A 添加到集合 S 中。集合 $S = \{A(0)\}$，集合 $T = \{B(8), C(\infty), D(30), E(\infty), F(13), G(32)\}$。其中集合 T 中的元素 $B(8)$ 表示顶点 A 到 B 之间有弧，且距离为 8；$C(\infty)$ 表示顶点 A 到 C 之间不存在弧，距离为 ∞。

在集合 T 中选取距离顶点 A 最近的顶点 B，和路径最短的顶点 C，并且在集合 T 中删除顶点 B 和 C，将顶点 B 和 C 添加到集合 S 中。更新集合 $S = \{A(0), B(8), C(10)\}$。现在，顶点 A 通过顶点 B 和 C 继续对其相邻点进行松弛。例如，原本 $weight(\langle A,D \rangle) = 30$，$weight(\langle A,D \rangle)$ 表示顶点 A 到顶点 D 之间的距离。现借助顶点 B 和 C，判断 $weight(\langle A,B \rangle) + weight(\langle B,C \rangle) + weight(\langle C,D \rangle) = 15 < weight(\langle A,D \rangle) = 30$，因此 $A \rightarrow D$ 的距离比 $A \rightarrow B \rightarrow C \rightarrow D$ 长，所以最短路径为 $A \rightarrow B \rightarrow C \rightarrow D$。继续上述操作，直至所有顶点均被访问过，即求得顶点 A 到其余各个顶点的最短路径。集合 $S = \{A(0), B(8), C(10), D(15), E(21), F(13), G(20)\}$。表 3-8 为顶点 A 到其余各个顶点的路径及其最短路径长度。

表 3-8　从顶点 A 到其余各顶点的最短路径和长度

源点	终点	A 到其余各顶点的最短路径	长度
A	B	$\langle A,B \rangle$	8
	C	$\langle A,B,C \rangle$	10
	D	$\langle A,B,C,D \rangle$	15
	E	$\langle A,B,C,D,E \rangle$	21
	F	$\langle A,F \rangle$	13
	G	$\langle A,F,G \rangle$	20

用 Dijkstra 算法求单源最短路径的实现代码如下：

```python
# Dijkstra 算法
def Dijkstra(self, Vertex):
    Dist = [[] for i in range(self.VertexNum)]    # 最短路径长度
    Path = [[] for i in range(self.VertexNum)]    # 最短路径
    flag = [[] for i in range(self.VertexNum)]    # 记录顶点是否已求得最短路径
    # 初始化三个列表
    index = 0
    while index < self.VertexNum:
        Dist[index] = self.Arcs[Vertex][index]
        flag[index] = 0
        if self.Arcs[Vertex][index] < float("inf"):
            Path[index] = Vertex
        else:
            Path[index] = -1
        index = index + 1
    flag[Vertex] = 1
    Path[Vertex] = 0
    Dist[Vertex] = 0
    index = 1
    while index < self.VertexNum:
        MinDist = float("inf")
        j = 0    # 被考察的路径
        # 不断选取未被访问的最短的路径
        while j < self.VertexNum:
            if flag[j] == 0 and Dist[j] < MinDist:
                tVertex = j
                MinDist = Dist[j]
            j = j + 1
        flag[tVertex] = 1
        EndVertex = 0
        # 将 MinDist 重新置为无穷大
        MinDist = float("inf")
```

```
    # 更新最短路径长度
    while EndVertex < self.VertexNum:
        if flag[EndVertex] = = 0:
            if self.Arcs[tVertex][EndVertex] < MinDist and Dist[tVertex] +
self.Arcs[tVertex][EndVertex] < Dist[
                EndVertex]:
                Dist[EndVertex] = Dist[tVertex] + self.Arcs[tVertex][EndVertex]
                Path[EndVertex] = tVertex
        EndVertex = EndVertex +1
    index = index +1
```

Dijkstra 算法的时间复杂度为 $O(n^2)$。

(2) 多源最短路径

即求任意两个顶点之间的最短路径。带权网的每对顶点之间的最短路径可调用 Dijkstra 算法实现。具体方法是：每次以不同的顶点作为源点，调用 Dijkstra 算法求出从该源点到其余顶点的最短路径。重复 n 次就可求出每对顶点之间的最短路径。

3. 拓扑排序

拓扑排序是一种针对有向无环图的所有顶点进行排序的算法。有向无环图是描述一项工程或系统的有效工具。可以把生产流程、软件开发、教学安排等都看作是一个工程，一般的工程都可分为"活动"的子工程，而其中某些子工程必须在另一些子工程完成之后才能开始。

拓扑排序

例如表 3-9 是某专业学生必须学习的一系列课程，可把学习每门课程看作是一个"活动"。其中有些课程是基础课，独立于其他课程；而另一些课程则必须学完它的先修课程才能进行，表 3-9 为该专业学生学习课程的顺序，这些先决条件定义了活动之间的先后顺序，这些关系可以用有向无环图来描述。如图 3-105 所示，图中顶点表示活动，有向弧表示活动的先后顺序，若活动 A 是活动 B 的先决条件，则图中有弧 $\langle A,B \rangle$。

表 3-9 某专业的学习课程及其关系

课程编号	课程名称	先修课程
A	数据结构	C
B	操作系统	A, D
C	计算机原理	无
D	面向对象程序设计	C
E	项目实训	B, G
F	面向对象程序设计	C
G	数据库技术	F

像图 3-105 中这种用顶点表示活动，用弧表示活动间先后关系的有向图被称为 AOV 网。在 AOV 网中，若 $\langle C,A \rangle$ 是网中的一条弧，则称顶点 C 是顶点 A 的直接前驱，顶点 A 是顶点 C 的直接后继。

AOV 网中不允许有回路，因为若存在回路就意味着某项活动以自己为先决条件，存在死循环，工程将无法进行，这是不允许的。因此可以对有向图的顶点进行拓扑排序来检测 AOV 网中是否存在环。若网中所有顶点都在它的拓扑有序序列中，则该 AOV 网中必定不存在环。

对 AOV 网进行拓扑排序的基本思路如下：

① 在有向图中选取一个没有前驱，即入度为 0 的顶点并输出它。

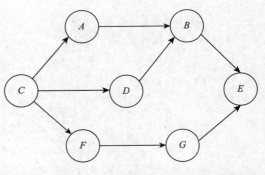

图 3-105　表示活动之间先后关系的有向无环图

② 从图中删除该顶点和所有以该顶点为弧尾的弧。

③ 重复步骤①和②，直至全部顶点均被输出，或当前网中不再存在入度为 0 的顶点为止。

此时若全部顶点均被输出说明网中不存在环，拓扑排序成功；但若输出的顶点数小于有向图中的顶点数，则说明网中存在环。

以图 3-105 所示的 AVO 网为例进行拓扑排序。整个拓扑排序的过程如图 3-106 所示。

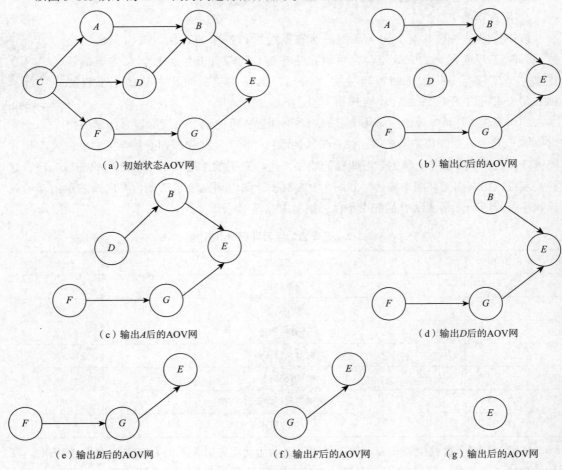

图 3-106　构造拓扑序列的过程

顶点 C 没有前驱，因此先输出 C，再删除以 C 为弧尾的弧 ⟨C,A⟩、⟨C,D⟩、⟨C,F⟩；此时顶点 A、D、F 都没有前驱，可任选一个输出。这里选取顶点 A 将其输出，并删除以顶点 A 为弧尾的弧 ⟨A,B⟩；再从没有前驱的顶点 D、F 中选择 D 将其输出，并删除以顶点 D 为弧尾的弧 ⟨D,B⟩；此时顶点 B、F 没有前驱，任选其一输出，这里选取顶点 B 将其输出，并删除以顶点 B 为弧尾的弧 ⟨B,E⟩；此时顶点 E、F 没有前驱，任选其一输出，这里选取顶点 F 将其输出，并删除以顶点 F 为弧尾的弧 ⟨F,G⟩；此时顶点 G 没有前驱，将顶点 G 输出，并删除以顶点 G 为弧尾的弧 ⟨G,E⟩；最后输出顶点 E，至此网中全部顶点均被输出，得到的拓扑有序序列为 CADBFGE。

4. 关键路径

关键路径

与 AOV 网相对应的是 AOE 网，即以边表示活动的网。AOE 网是带权的有向无环图，其中，顶点表示事件，弧表示活动，权表示活动持续的时间，并将网中入度为 0 的顶点称为源点，出度为 0 的顶点称为汇点。通常 AOE 网可用来估算工程的完成时间。

图 3-107 为一个有 8 项活动的 AOE 网，其中有 7 个事件 A,B,C,D,E,F,G，顶点 A 为源点，表示工程的开始，顶点 G 为汇点，表示工程的结束。只有在某顶点所代表的事件发生后，从该顶点出发的各活动才能开始，只有在进入某顶点的各活动都结束后，该顶点所代表的事件才能发生。例如，事件 C 表示活动 a_2 已经完成，可以开始执行 a_5 活动了。

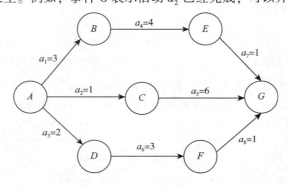

图 3-107　AOE 网

AOE 网在工程计划中有广泛的应用，针对实际应用通常需要解决两个主要问题：一个是估算完成整项工程至少需要多少时间？另一个是判断哪些活动是影响工程进度的关键。工程进度控制的关键在于控制关键活动。在一定范围内，非关键活动的提前完成对整个工期的进度没有直接的好处，它的稍许拖延也不会影响整个工程的进度。工程的指挥者可以把非关键活动的人力和物力资源暂时调给关键活动，加快其进展速度，以使整个工程提前完工。

要估算整项工程完成的最短时间，就是要找一条从源点到汇点的带权路径长度最长的路径，称为关键路径，这里的路径长度指的是路径上各个活动持续时间之和。关键路径上的活动叫关键活动，这些活动是影响工程进度的关键。关键路径上所有活动持续总时间即为完成工程需要的最少时间。

① 事件的最早发生时间：源点到顶点所代表的事件的最长路径长度。在 AOE 网中，求解各个事件的最早发生时间，可按照拓扑排序的顺序递推得到。可用正向加法求最大的方法求事件的最早发生时间。对于图 3-107 所示的 AOE 网，可以求出每个事件的最早发生时间，如表 3-10 所示。

② 事件的最迟发生时间：在保证整个工程完成的前提下，活动最迟的开始时间。在 AOE 网中，求解事件的最迟发生时间是从汇点开始，向源点推进得到的。即用逆向减法求最小的方法求时间的最迟发生时间。对于图 3-107 所示的 AOE 网，可以求出每个事件的最迟发生时间，如表 3-11 所示。

表 3-10　事件的最早发生时间

事件	最早发生时间
A	0
B	3
C	1
D	2
E	3 + 4 = 7
F	2 + 3 = 5
G	3 + 4 + 1 = 8

表 3-11　事件的最迟发生时间

事件	最迟发生时间
A	0
B	8 − 1 − 4 = 3
C	8 − 6 = 2
D	8 − 1 − 3 = 4
E	8 − 1 = 7
F	8 − 1 = 7
G	8

③ 活动的最早开始时间：活动的最早开始时间等于该活动上一个事件的最早发生时间。如活动 $a_5 = \langle C, G \rangle$，只有事件 C 发生了，活动 a_5 才能开始。所以活动 a_5 的最早开始时间等于事件 C 的最早发生时间。根据表 3-10 事件的最早发生时间，可求出每个活动的最早开始时间，如表 3-12 所示。

④ 活动的最迟开始时间：活动的最迟开始时间等于该活动下一个事件的最迟发生时间减去该活动的持续时间。如活动 $a_5 = \langle C, G \rangle$，活动 a_5 的开始时间需保证不延误事件 G，所以活动 a_5 的最迟开始时间等于事件 G 的最迟发生时间减去活动 a_5 的持续时间，即 8 − 6 = 2。根据表 3-11 事件的最迟发生时间，可求出每个活动的最迟开始时间，如表 3-13 所示。

表 3-12　活动的最早开始时间

活动	最早开始时间
a_1	事件 A 的最早发生时间 0
a_2	事件 A 的最早发生时间 0
a_3	事件 A 的最早发生时间 0
a_4	事件 B 的最早发生时间 3
a_5	事件 C 的最早发生时间 1
a_6	事件 D 的最早发生时间 2
a_7	事件 E 的最早发生时间 7
a_8	事件 F 的最早发生时间 5

表 3-13　活动的最迟开始时间

活动	最迟开始时间
a_1	事件 B 的最迟发生时间 − 活动 a_1 的持续时间 = 3 − 3 = 0
a_2	事件 C 的最迟发生时间 − 活动 a_2 的持续时间 = 2 − 1 = 1
a_3	事件 D 的最迟发生时间 − 活动 a_3 的持续时间 = 4 − 2 = 2
a_4	事件 E 的最迟发生时间 − 活动 a_4 的持续时间 = 7 − 4 = 3
a_5	事件 G 的最迟发生时间 − 活动 a_5 的持续时间 = 8 − 6 = 2
a_6	事件 F 的最迟发生时间 − 活动 a_6 的持续时间 = 7 − 3 = 4
a_7	事件 G 的最迟发生时间 − 活动 a_7 的持续时间 = 8 − 1 = 7
a_8	事件 G 的最迟发生时间 − 活动 a_8 的持续时间 = 8 − 1 = 7

⑤ 开始时间余量：开始时间余量等于活动的最迟开始时间减去活动的最早开始时间。有些活动的开始时间余量不为 0，表示这些活动不在最早开始时间开始，至多向后拖延相应的开始时间余量所规定的时间开始也不会延误整个工程的进展。但有些活动的开始时间余量为 0，表明这些活动只能在最早开始时间开始，并且必须在持续时间内按时完成，否则将拖延整个工期。所以开始时间余量为 0 的活动称为关键活动，由关键活动所形成的从源点到汇点的每一条路径称为关键路径。如表 3-14 所示求解关键路径。

表 3-14　求解关键路径

活动	活动的最早开始时间	活动的最迟开始时间	开始时间余量
a_1	0	0	0
a_2	0	1	1
a_3	0	2	2
a_4	3	3	0
a_5	1	2	1
a_6	2	4	2
a_7	7	7	0
a_8	5	7	2

由表 3-14 所示，可以看出开始时间余量为 0 的活动有 a_1、a_4、a_7。因此关键活动为 a_1、a_4、a_7，关键路径为 $A \rightarrow B \rightarrow E \rightarrow G$。如图 3-108 为图 3-107 所示的 AOE 网的关键路径。

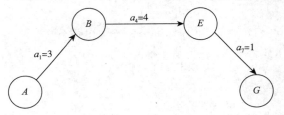

图 3-108　AOE 网的关键路径

任务实现

1. 任务要求

使用 Dijkstra 算法求李雷家到净月潭国家森林公园的最短路径，并将其输出；同时根据求出的最短路径计算李雷制定的路线总共需要多少时间。

视　频

设计游玩路线

2. 代码实现

```
# 定义图的一个顶点
class Vertex(object):
    def __init__(self,data):
        self.data = data
        self.info = None
# 定义一个图
class Graph(object):
    def __init__(self,kind):
        self.kind = kind
        self.Vertices = []
        self.Arcs = []
        self.ArcNum = 0
        self.VertexNum = 0
# 以邻接矩阵为存储结构创建有向网的方法
```

```python
    def CreateGraph(self):
        print('请依次输入图中各顶点的值,每个顶点值以回车间隔,并以#作为输入结束符：')
        data = input('->')
        while data != '#':
            vertex = Vertex(data)
            self.Vertices.append(vertex)
            self.VertexNum = self.VertexNum + 1
            data = input('->')
        self.Arcs = [[0 for i in range(self.VertexNum)] for i in range(self.VertexNum)]
        Horizontal = 0
        while Horizontal < self.VertexNum:
            Vertical = 0
            while Vertical < self.VertexNum:
                if Vertical == Horizontal:
                    self.Arcs[Horizontal][Vertical] = 0
                else:
                    self.Arcs[Horizontal][Vertical] = float("inf")
                Vertical = Vertical + 1
            Horizontal = Horizontal + 1
        # 依次输入边或弧的两个顶点,并进行定位
        print('请依次输入图中每条边的两个顶点值和权值,以空格作为间隔,每输入一组后进行换行,最终以#结束输入：')
        arc = input('->')
        while arc != '#':
            VertexOne = arc.split()[0]
            VertexTwo = arc.split()[1]
            VertexOneIndex = self.LocateVertex(VertexOne)
            VertexTwoIndex = self.LocateVertex(VertexTwo)
            # 权值不一定都是整数
            weight = float(arc.split()[2])
            if self.kind == 3:
                self.Arcs[VertexOneIndex][VertexTwoIndex] = weight
            self.ArcNum = self.ArcNum + 1
            arc = input('->')
        print('创建成功')
    # 定位顶点在顶点集中的位置的方法
    def LocateVertex(self,Vertex):
        index = 0
        while self.Vertices[index].data != Vertex and index < len(self.Vertices):
            index = index + 1
        return index
    # Dijkstra算法
    def Dijkstra(self,Vertex):
```

```python
        Dist = [[]for i in range(self.VertexNum)]#最短路径长度
        Path = [[]for i in range(self.VertexNum)]#最短路径
        flag = [[]for i in range(self.VertexNum)]#记录顶点是否已求得最短路径
        #初始化三个列表
        index = 0
        while index < self.VertexNum:
            Dist[index] = self.Arcs[Vertex][index]
            flag[index] = 0
            if self.Arcs[Vertex][index] < float("inf"):
                Path[index] = Vertex
            else:
                Path[index] = -1
            index = index + 1
        flag[Vertex] = 1
        Path[Vertex] = 0
        Dist[Vertex] = 0
        index = 1
        while index < self.VertexNum:
            MinDist = float("inf")
            j = 0#被考察的路径
            #不断选取未被访问的最短路径
            sumdist = 0
            while j < self.VertexNum:
                if flag[j] == 0 and Dist[j] < MinDist:
                    tVertex = j
                    MinDist = Dist[j]
                    sumdist = sumdist + MinDist
                j = j + 1
            flag[tVertex] = 1
            EndVertex = 0
            #将 MinDist 重新置为无穷大
            MinDist = float("inf")
            #更新最短路径长度
            while EndVertex < self.VertexNum:
                if flag[EndVertex] == 0:
                    if self.Arcs[tVertex][EndVertex] < MinDist and Dist[tVertex] + self.Arcs[tVertex][EndVertex] < Dist[EndVertex]:
                        Dist[EndVertex] = Dist[tVertex] + self.Arcs[tVertex][EndVertex]
                        Path[EndVertex] = tVertex
                EndVertex = EndVertex + 1
            index = index + 1
        self.ShortestPath(Dist,Path,flag,Vertex)
        print("从家到净月潭花费的总时间为：",sumdist)
```

```python
#输出从顶点Vertex到其他顶点的最短路径(Dijkstra)
def ShortestPath(self,Dist,Path,flag,Vertex):
    tPath = []
    index = 5
    if flag[index] == 1 and index != Vertex:
        tPath.append(index)#添加路径终点
        former = Path[index]#获取前一个顶点的下标
        while former != Vertex:
            tPath.append(former)
            former = Path[former]
        tPath.append(Vertex)
        while len(tPath) > 0:
            print(self.Vertices[tPath.pop()].data)
        print()
# 主程序
if __name__ == '__main__':
#创建一个有向网
    graph = Graph(3)
    graph.CreateGraph()
    print('Dijkstra算法构造从家到净月潭的最短路径:')
    graph.Dijkstra(0)
```

3. 显示结果

显示结果如图3-109所示。

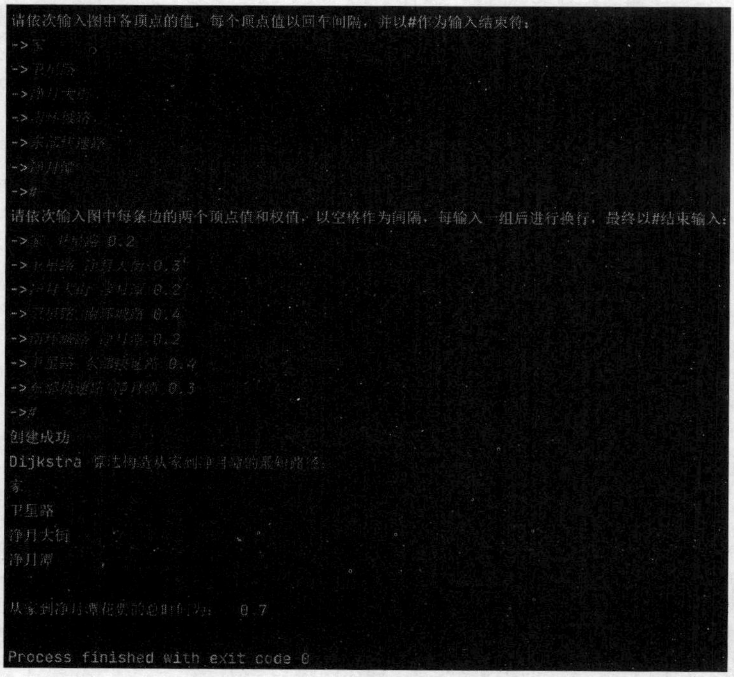

图3-109　显示结果

习题

1. 在一个有向图中，所有顶点的入度之和等于所有顶点的出度之和的（　　）倍。

   A. $\dfrac{1}{2}$　　　　B. 1　　　　C. 2　　　　D. 4

2. 在一个无向图中，所有顶点的度数之和等于图的边数的（　　）倍。

   A. $\dfrac{1}{2}$　　　　B. 1　　　　C. 2　　　　D. 4

3. 图的广度优先遍历类似于二叉树的（　　）。

   A. 先序遍历　　　B. 中序遍历　　　C. 后序遍历　　　D. 层次遍历

4. 用邻接表表示图进行深度优先遍历时，通常借助（　　）来实现算法。

   A. 栈　　　　B. 队列　　　　C. 树　　　　D. 图

5. 下列说法错误的是（　　）。

   A. 图的遍历是从给定的源点出发，每个顶点仅被访问一次

   B. 图遍历的基本算法有两种：深度遍历和广度遍历

   C. 图的深度遍历不适用于有向图

   D. 图的深度遍历是一个递归过程

6. 下列有关最小生成树说法错误的是（　　）。

   A. 最小生成树中包含原图中全部边

   B. 最小生成树中包含原图中全部顶点

   C. 最小生成树不仅是"极小"的并且是最小的

   D. 最小生成树是连通子图

7. 对于图 3-110 所示的无向图，以顶点 A 为起点，对其进行深度优先遍历所得的序列不可能是（　　）。

   A. ADECB　　　B. ACDEB　　　C. ABCDE　　　D. AEBCD

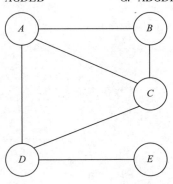

图 3-110　无向图

8. 具有 n 个顶点的无向完全图的弧数为（　　）。

   A. $\dfrac{n(n-1)}{2}$　　　B. $n(n-1)$　　　C. $\dfrac{n(n+1)}{2}$　　　D. $\dfrac{n}{2}$

9. 邻接表存储图所用的空间大小（　　）。

A. 只与图的顶点数有关

B. 只与图的边数有关

C. 与图的顶点数和边数都有关

D. 与边数的平方有关

10. 连通网的最小生成树是其所有生成树中（　　）。

　　A. 顶点集最小的生成树

　　B. 边集最小的生成树

　　C. 顶点权值之和最小的生成树

　　D. 边的权值之和最小的生成树

11. 某无向图的邻接矩阵存储如图 3-111 所示，回答如下问题：

（1）试根据该邻接矩阵画出对应无向图；

（2）写出顶点 b 的度数；

（3）写出由 a 顶点到 f 顶点的最短路径上顶点的序列。

| Vertex[6] = | a | b | c | d | e | f |

$$Edge[6][6] = \begin{bmatrix} 0 & 1 & 1 & 0 & 0 & 0 \\ 1 & 0 & 0 & 1 & 0 & 1 \\ 1 & 0 & 0 & 1 & 1 & 0 \\ 0 & 1 & 1 & 0 & 0 & 1 \\ 0 & 0 & 1 & 0 & 0 & 1 \\ 0 & 1 & 0 & 1 & 1 & 0 \end{bmatrix}$$

图 3-111　邻接矩阵

项目四
常用算法探究

党的二十大报告摘读：

"以国家战略需求为导向，集聚力量进行原创性引领性科技攻关，坚决打赢关键核心技术攻坚战。"

——习近平在中国共产党第二十次全国代表大会上的报告

走近科技领军人物：

陈光熙（1903—1992），浙江省上虞县人，中共党员，哈尔滨工业大学教授，博士生导师，中国计算机工程学科奠基人。1920年至1923年在法国勤工俭学。1930年分别获比利时卢汶大学采矿系、地质学系机械采矿工程师和地质工程师称号，同年回国。曾任辅仁大学副教授、教授。历任第一机械工业部设计局总工程师，哈尔滨工业大学教授、副校长，中国电子学会理事，黑龙江省电子学会副理事长。第三、五、六届全国人大代表。20世纪50年代中期起从事计算机的研究。1958年主持研制成功我国首台能说话、会下棋的逻辑机。1963年主持研制成功超小型磁芯。1974年主持研制成功我国首台具有冗余技术的容错机。合编有《数字系统的诊断与容错》等。

任务 4.1　用查找算法确定"最小供暖半径"

任务描述

冬季来临，你的首要任务是设计一款有固定供暖半径的供暖设备来给所有的房屋供暖。现在，给出位于一条水平线上的房屋 houses 和供暖器 heaters 的位置，请你找出并返回可以覆盖所有房屋的最小加热半径。说明：所有供暖器都遵循你的半径标准，加热的半径也一样。你的输入是需要供暖的房间编号与每个供暖设备所在房间编号，输出供暖设备的最小半径。供暖原理如图 4-1 所示。

示例：

输入：houses = [1,2,3]，heaters = [2]

输出：1

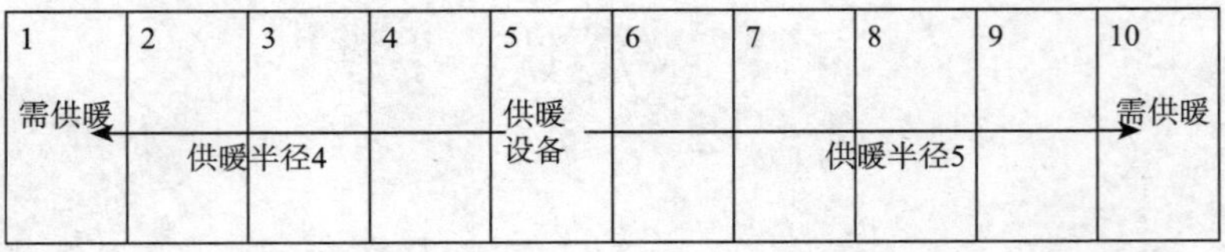

1	2	3	4	5	6	7	8	9	10
需供暖				供暖设备					需供暖
	供暖半径4					供暖半径5			

输入：houses=[1,10],heaters=[5]
输出：5
供暖半径为5

图 4-1　求解最小供暖半径

解释：房间 1、2、3 需要供暖，仅在房间 2 上有一个供暖器。如果我们将加热半径设为 1，那么所有房屋就都能得到供暖。

输入：houses = [1,2,3,4]，heaters = [1,4]
输出：1
解释：房间 1、2、3、4 需要供暖，在房间 1、4 上有两个供暖器。我们需要将加热半径设为 1，这样所有房屋就都能得到供暖。

输入：houses = [1,5]，heaters = [2]
输出：3
解释：房间 1、5 需要供暖，在房间 2 上有一个供暖器。我们需要将加热半径设为 3，这样所有房屋就都能得到供暖。

学习目标

知识目标	理解查找的基本概念； 掌握顺序查找法算法原理； 掌握二分查找法算法原理； 掌握分块查找法算法原理； 掌握二叉排序树算法原理； 掌握哈希表查找算法原理
能力目标	具备应用顺序查找法实现查找功能的能力； 具备应用二分查找法实现查找功能的能力； 具备应用分块查找法实现查找功能的能力； 具备构造二叉排序树的能力； 具备初步应用哈希表算法的能力； 能够根据具体需求，分析并选择恰当的查找法实现数据查找功能
素质目标	提升任务文档的阅读能力； 提高分析问题、解决问题的能力； 培养解决实际问题的能力

📖 知识学习

4.1.1 查找

视频

探秘查询

1. 什么是查找

在日常生活中，几乎每天都要进行一些查找的工作，在电话簿中查阅某个人的电话号码；在计算机的文件夹中查找某个具体的文件等等。查找，也可称检索，是在大量的数据元素中找到某个特定的数据元素而进行的工作。

2. 常用术语

查找表（查找结构）：用于查找的数据集合称为查找表，可以是一个数组或链表等数据类型。

关键字：数据元素中唯一表示该元素的某个数据项的值，使用基于关键字查找，查找结果应该是唯一的。

查找成功：在执行查找操作时，若找到指定的数据元素，则称查找成功。

查找失败：在执行查找操作时，若找不到指定的数据元素，则称查找失败，此时返回空。

静态查找：在查找过程中，只是对数据元素执行查找操作，而不对其执行其他操作。

动态查找：在查找过程中，不仅对数据元素执行查找操作，同时还执行其他操作（如插入和删除等）。

静态查找表：只执行静态查找的查找表称作静态查找表。

动态查找表：执行动态查找的查找表称作动态查找表。

内查找：在执行查找操作时，查找表中的所有数据元素都在内存中。

外查找：由于查找表中的数据元素太多，不能同时放在内存中，而需要将一部分数据元素放在外存中，从而导致在执行查找操作时需要访问外存。

查找长度：在查找运算中，给定值与关键字的比较次数被称为查找长度。

平均查找长度：查找长度的期望值被称为平均查找长度（Average Search Length，ASL）。在查找过程中，一次查找长度是指需要比较的关键字次数，而平均查找长度则是所有查找过程中进行关键字比较次数的平均值。平均查找长度是衡量查找算法效率的最主要衡量指标。

3. 常见操作

通过查找操作可以实现以下具体操作：

① 在查找表中查找某个具体的数据元素。

② 在查找表中插入数据元素。

③ 从查找表中删除数据元素。

4. 查找的分类

查找可以分为三大类，分别是：静态查找、动态查找、哈希表查找，如图 4-2 所示。

（1）静态查找

静态查找即基于静态查找表的查找。主要包括：

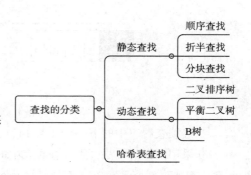

图 4-2　查找的分类

顺序查找、折半查找、分块查找。

① 顺序查找即一个挨一个的查找。

② 折半查找，即从整个顺序表的中间位置开始查找，然后将范围缩小至原来的一半，再继续取中间位置，依此类推。

③ 分块查找，即将表分为 n 块，然后建立索引表，将每个块中最大的 key 值取出，并排序到索引表。

（2）动态查找

动态查找，即基于动态查找表的查找。主要包括：二叉排序树、平衡二叉树、B 树。

① 二叉排序树（BST），即有序的二叉树，遵循左 < 根 < 右的原则。

② 平衡二叉树（AVL），即 | 每个结点左孩子高度 − 右孩子高度 | ≤1。

③ B 树，也被称为多路搜索树，核心思想是多结点有序，并遵循左 < 根 < 右的原则。

（3）哈希表查找

哈希表查找也被称为散列查找。哈希表查找是通过计算数据元素的存储地址进行查找的一种方法。

4.1.2 顺序查找法

视 频

顺序查找法

1. 顺序查找算法的概念

顺序查找算法（sequential search）又称顺序搜索算法或者线性搜索算法，是所有查找算法中最基础、最简单的。顺序查找算法适用于绝大多数场景，查找表中存放有序序列或者无序序列，都可以使用此算法。

2. 基本思路

顺序查找算法很容易理解，就是从查找表的一端开始，将表中的元素逐一和目标元素做比较，直至找到目标元素。当然，如果表中的所有元素都和目标元素对比了一遍，最终没有找到目标元素，表明查找表中没有目标元素，查找失败。

举个简单的例子，在 {10, 14, 19, 26, 27, 31, 33, 35, 42, 44} 集合中，借助顺序查找算法查找 33 的过程如下：

① 假设从元素 10 开始向右逐个查找。显然，元素 10 不是要找的目标元素。执行过程如图 4-3 所示。

图 4-3　查看 10 是否为目标元素

② 继续查看表中的下一个元素 14，也不是要找的目标元素。执行过程如图 4-4 所示。

③ 采用同样的方法，逐个查看表中的各个元素是否为目标元素。第 3 个元素 19 不是目标元素；查找第 4 个元素 26，不是目标元素；查找第 5 个元素 27，不是目标元素；查找第 6 个元素 31，不是目标元素。

图 4-4　查看 14 是否为目标元素

④ 成功找到目标元素后，顺序查找随即结束。当表中不包含目标元素时，顺序查找算法会比对至最后一个元素，然后停止执行。如图 4-5 所示，找到第 7 个元素 33 时，找到了目标元素，查找结束。

图 4-5　找到目标元素

3. 代码实现

【例 4-1】有一个已知的列表 [10，14，19，26，27，31，33，35，42，44]，在列表中查找给定的元素出现的第一个位置。如果给定的元素存在于列表中，输出它的下标；如果不存在，输出 "该数值不在列表中"。输入的给定元素是 int 类型。

代码实现：

```
arr = [10,14,19,26,27,31,33,35,42,44]
key = int(input("请输入所有查找的数值:")) #输入关键字
for i in range(len(arr)): #顺序遍历列表
    if arr[i] = = key:
        print(i)
        break #保证只输出第一个位置就跳出遍历循环
#关键字不存在于列表中

if i > = len(arr) -1:
    print("该数值不在列表中.")
```

显示结果：

请输入所有查找的数值:33
6

在这段程序中，print("该数值不在列表中.")只会在 for 循环被自然终止时执行。（自然终止指 i > = len(arr) -1 时跳出循环，而不是因为 break 结束循环）因此，当跳出 for 循环时，我们可以确定在列表中不存在与 key 相等的元素，所以输出查询失败的信息。

上面的查询中，当同一数据在该列表中出现多次时，只会显示最前面一次对应的位置，后面不会显示。

【例4-2】 有一个已知的列表[10,14,19,26,27,31,33,35,42,44,42,42]，在列表中查找给定的元素。输出给定元素出现的所有下标。若给定元素不存在于数组中，输出"该数值不在列表中"。输入的给定元素是 int 类型。

代码实现：

```
arr = [10,14,19,26,27,31,33,35,42,44,42,42]
key = int(input("请输入所有查找的数值:"))  #输入关键字
s = 0
for i in range(len(arr)):  #顺序遍历列表
    if arr[i] == key:
        print(i)
        s = s + 1

#关键字不存在于列表中
if s == 0:
    print("该数值不在列表中.")
```

运行结果：

```
请输入所有查找的数值:42
8
10
11
```

不同于例4-1，例4-2 的代码中没有 break 语句，从而可以保证每个与 key 相等的元素的位置都被输出。

此时由于 for 循环中没有 break，所以最终循环结束时，i 值一定是9，所以无法通过 i 值来判断是否查找到了相应数值。此时需要添加一个变量 s，定义初始值为0，在 for 循环的 if 语句中添加一段代码 s = s + 1。也就是每当找到一个对应数据，s 就会增加1个数值。修改 if 语句的判断条件为判断 s 是否为0，如果为0则判断其为查找失败，给出提出语言。

顺序查找算法的时间复杂度可以用 $O(n)$ 表示（n 为查找表中的元素数量）。查找表中的元素越多，顺序查找算法的执行效率越低。顺序查找算法的优点是实现简单、适用于绝大多数场景。

和其他查找算法相比，顺序查找算法的时间复杂度较大，同样平均查找长度也较大，查找表中的元素数量越多，算法的性能越差。

● 视 频
二分查找法

4.1.3 二分查找法

1. 二分查找法的概念

二分查找法又称折半查找，是一种适用于顺序存储结构的查找方法。它是一种效率较高的查找方法，但它仅能用于有序表中。也就是说，表中的元素需按关键字大小有序排列。

2. 基本思路

二分查找用最小下标、最大下标来标注查找范围。程序开始时，查找范围是整个线性表，最小下标即第一个元素，最大下标即最后一个元素；每一次循环过后，查找范围都缩小为原先的一半，直到最小下标与最大下标重叠或者最小下标处于最大下标的右侧。因为每次缩小一半的范围，所以可以得出二分查找的时间复杂度为 $O(\log_2 n)$。

以图 4-6 中的有序数组为例进行二分查找。格子中的数是数组的每个位置上存储的数据，格子下方的数是下标。

图 4-6 有序数组

我们以 33 为关键字，在数组中进行二分查找，来找出关键字出现时的下标。

① 确定最小下标、最大下标并选取中位数。中位数也就是中间的位置，中位数 =（最小下标 + 最大下标）/2。数组中最小下标为 0，最大下标为 15。中位数 =（0 + 15）/2 = 7.5，可以将中位数确定为 7。执行过程如图 4-7 所示。

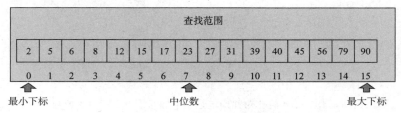

图 4-7 第 1 轮比对并确定最小下标、最大下标与中位数

② 将关键字与中位数对应的数据值相比较，重新确定查找范围，即重新设定最小下标与最大下标。此问题中将关键字 33 与中位数 7 所对应的数值 23 比较，因为 33 大于 23，所以要查找的数值在 8 ~ 15 下标所对应的数值范围内，这样 8 ~ 15 就是新的查找范围，8 与 15 分别为新的最小下标与最大下标，11 为新的中位数，将对应值与关键字 33 进行比较。执行过程如图 4-8 所示。

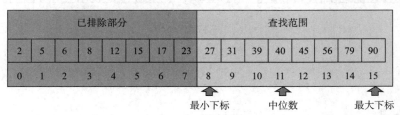

图 4-8 第 2 轮比对并确定最小下标、最大下标与中位数

③ 重复前两步操作，直到找到该数据。或未找到该数值，停止查找。即最小下标大于最大下标时，即可以退出查找。

例题中再次缩小查找范围为下标 8 ~ 10，中位数为 9 对应的数据 31 小于关键字 33。执行过程如图 4-9 所示。

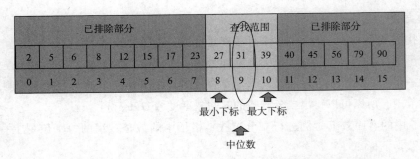

图 4-9 第 3 轮比对并确定最小下标、最大下标与中位数

最小下标确定为中位数 +1，即为 10，此时最大下标也为 10，中位数也为 10，对应数据 39 大于关键字 33。执行过程如图 4-10 所示。

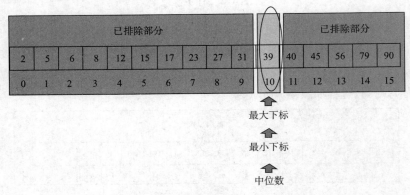

图 4-10 第 4 轮比对并确定最小下标、最大下标与中位数

现在最大下标位置值为中位数 −1，即为 9，最小下标位置为仍为 10，经判断，最大下标值小于最小下标值，查找以失败结束。执行过程如图 4-11 所示。

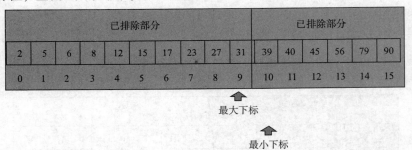

图 4-11 最小下标 > 最大下标，查找结束

3. 代码实现

【例 4-3】在指定列表 [1,2,3,4,5,6,7,8,9,10,12,14] 中，当用户输入所要查找的数值，则返回该数值的位置。

```python
def binary_search(list,item):
    """二分查找方法"""
    low = 0    # 定义最小下标
    high = len(list) - 1             # 定义最大下标
    while low <= high:               #while 循环,保证可以遍历到指定区域的元素,直到被寻找
的值和中间值相等
        mid = int((low + high)/2)    # 寻找数组的中间值
        guess = list[mid]            # 获取列表最中间的元素
        if guess == item:
            return mid               # 进行条件判断,将中间值和被寻找的值进行比较,相等则返
回该值
        if guess > item:
            high = mid - 1           # 如果被寻找的值小于中间值,则最大下标变化为中间值的前
一个元素下标
        else:
            low = mid + 1            # 如果被寻找的值大于中间值,则最小下标变化为中间值的后
一个元素下标
    return None
my_list = [1,2,3,4,5,6,7,8,9,10,12,14]
my_guess = int(input("在数值列表1,2,3,4,5,6,7,8,9,10,12,14 中请输入要查找的数值:"))
print("数值",str(my_guess),"在该数值列表的第",binary_search(my_list,my_guess),"
位.")                                 # 输入一个有序列表和一个被寻找的值
```

运行结果:

```
在数值列表1,2,3,4,5,6,7,8,9,10,12,14 中请输入要查找的数值:6
数值 6 在该数值列表的第 5 位.
```

二分查找算法的时间复杂度为 $O(\log n)$,其优点是比较次数少、查找速度快、平均性能好;其缺点是要求待查表为有序表,且插入删除困难。

4.1.4 分块查找法

1. 分块查找法的概念

分块查找,又称索引顺序查找,算法实现除了需要查找表本身之外,还需要根据查找表建立一个索引表。

分块查找法

分块查找是二分法查找和顺序查找的改进方法,分块查找要求索引表是有序的,对块内结点没有排序要求,块内结点可以是有序的也可以是无序的。

分块查找法的核心:分块有序、块内无序。分块有序,即分成若干子表,要求每个子表中的数值都比后一块中数值小(但子表内部未必有序)。然后将各子表中的最大关键字构成一个索引表,表中还要包含每个子表的起始地址(即头指针)。

如何理解分块查找法呢?举个例子,如果要在全校1万名学生当中找到某分数(总分600分)对应的学生,可以采用前面所述的顺序查找法,也可以采用二分法查找。但是由于数据量大,效率会较低。不过,我们也可以这样找:将学生按分数分为不同的组,每100分为一组。

这样 0~100 分为一组；101~200 为一组；201~300 为一组；301~400 为一组；401~500 为一组；501~600 为一组。如果要查找分数为 510 所对应的学生，就先找到其对应的组，然后在组内再进行比对，这样就可以大大提高查询效率。

2. 基本思路

分块查找就是把一个大的线性表分解成若干块，每块中的节点可以任意存放，但块与块之间必须排序。与此同时，还要建立一个索引表，把每块中的最大值作为索引表的索引值，此索引表需要按块的顺序存放到一个辅助数组中。查找时，首先在索引表中进行查找，确定要找的结点所在的块。由于索引表是排序的，因此，对索引表的查找可以采用顺序查找或二分查找；然后，在相应的块中采用顺序查找，即可找到对应的结点。

查找表与其对应的索引表如图 4-12 所示。索引表会记录区间中的最大值、区间左端点的位置以及区间右端点的位置。

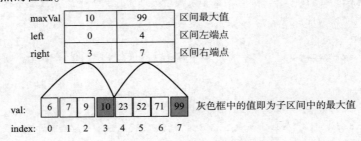

图 4-12 分块查找所对应的索引表

例如，有这样一列数据：23、43、56、78、97、100、120、135、147、150、155，如图 4-13 所示。

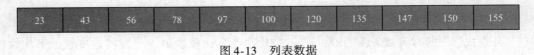

图 4-13 列表数据

想要查找的数据是 150，使用分块查找法步骤如下：

① 将图 4-13 所示的数据进行分块，按照每块长度为 4 进行分块，共分 3 块，分块情况如图 4-14 所示。

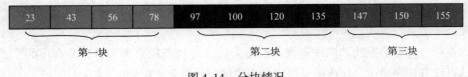

图 4-14 分块情况

说明：每块的长度是任意指定的，这里用的长度为 4，读者可以根据自己的需要指定每块长度。

② 选取各块中的最大关键字构成一个索引表，即选取图 4-14 所示的各块的最大值，第一块最大的值是 78，第二块最大的值是 135，第三块最大值是 155，形成的索引表如图 4-15 所示。

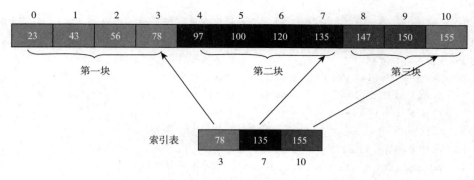

图 4-15 构建索引表

③ 用顺序查找或者二分查找判断想要查找的数据 150 在索引表中的哪块内容中，这里可以用二分查找法，即先取中间值 135 与 150 比较，结果是中间位置的数据 135 比目标数据 150 小，因此目标数据在 135 的下一块内，如图 4-16 所示。

④ 将数据定位在第三块内，此时将第三块内的数据取出，通过顺序查找第三块的内容，终于在第 9 个位置找到目标数，此时分块查找结束，如图 4-17 所示。

图 4-16　判断数据所属的块　　　　　图 4-17　在块内查找该数据

3. 代码实现

【例 4-4】 在有序数据列表[23, 43, 56, 78, 97, 100, 120, 135, 147, 150, 155]中运用分块查找法查找指定的数值，给出其所在列中的位置，并列出分块情况。

```
def search(data, key):          # 用二分查找法查找数据在哪块内
    length = len(data)          # 数据列表长度
    first = 0                   # 第一位数位置
    last = length - 1           # 最后一个数据位置
    printf("长度:{length} 分块的数据是:{data}")   # 输出分块情况
    while first <= last:
        mid = (last + first) // 2    # 取中间位置
        if data[mid] > key:          # 中间数据大于想要查的数据
            last = mid - 1           # 将 last 的位置移到中间位置的前一位
        elif data[mid] < key:        # 中间数据小于想要查的数据
            first = mid + 1          # 将 first 的位置移到中间位置的后一位
        else:
            return mid               # 返回中间位置
    return False



# 分块查找
```

```python
def block(data, count, key):                    # 分块查找数据, data 是列表, count 是每块的长度, key 是想要查找的数据
    length = len(data)                          # 表示数据列表的长度
    block_length = length // count              # 一共分的几块
    if count * block_length != length:          # 每块长度乘以分块总数不等于数据总长度
        block_length += 1                       # 块数加 1
    print("一共分", block_length, "块")          # 块的多少
    print("分块情况如下:")
    for block_i in range(block_length):         # 遍历每块数据
        block_data = []                         # 每块数据初始化
        for i in range(count):                  # 遍历每块数据的位置
            if block_i * count + i >= length:   # 每块长度要与数据长度比较, 一旦大于数据长度
                break                           # 就退出循环
            block_data.append(data[block_i * count + i])  # 每块长度要累加上一块的长度
        result = search(block_data, key)        # 调用二分查找的值
        if result != False:                     # 查找的结果不为 False
            return block_i * count + result     # 就返回块中的索引位置
    return False

data = [23, 43, 56, 78, 97, 100, 120, 135, 147, 150, 155]    # 数据列表
my_guess = int(input("在数值列表23, 43, 56, 78, 97, 100, 120, 135, 147, 150, 155 中请输入要查找的数值:"))
result = block(data, 4, my_guess)               # 第二个参数是块的长度, 当前设定长度为 4, 最后一个参数是要查找的元素
print("要查找的数值是", my_guess, ",它在有数据列表中的位置是:", result)  # 输出结果
```

运行结果:

```
在数值列表23, 43, 56, 78, 97, 100, 120, 135, 147, 150, 155 中请输入要查找的数值:150
一共分 3 块
分块情况如下:
长度:4 分块的数据是:[23, 43, 56, 78]
长度:4 分块的数据是:[97, 100, 120, 135]
长度:3 分块的数据是:[147, 150, 155]
要查找的数值是 150 ,它在有数据列表中的位置是: 10
```

分块查找算法的优点：在表中插入和删除元素时，只需要找到对应的块，块内无序，插入和删除都较为容易，无须进行大量移动；适合线性表既要快速查找又要经常动态变化的场景。

分块查找算法的缺点：需要增加一个存储索引表的内存空间；需要对初始索引表按照其最大关键字（或最小关键字）进行排序运算。

视频
二叉排序树法

4.1.5 二叉排序树法

1. 二叉排序树法的概念

二叉排序树又称"二叉搜索树"，是一种左子树比根结点小，右子树比根结点大

的特殊二叉树的形式；因为其排序的特殊性，所以在查找某个结点的时候可以遵循某种规律，因此其查找算法相较普通的二叉树效率高。实际开发中如果使用了二叉树这种数据结构，那么大部分都是二叉排序树。图 4-18 是二叉排序树，图 4-19 不是二叉排序树。

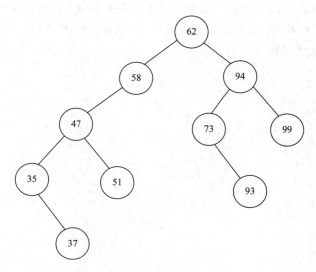

图 4-18　二叉排序树

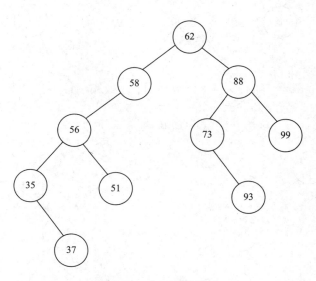

图 4-19　非二叉排序树

2. 二叉排序树的特性

（1）中序遍历的序列是递增的序列。

图 4-18 二叉排序树的中序遍历结果为[35,37,47,51,58,62,73,93,94,99]。

（2）中序遍历的下一个节点，称后继节点，即比当前节点大的最小节点。

（3）中序遍历的前一个节点，称前驱节点，即比当前节点小的最大节点。

3. 基本操作

（1）构造二叉排序树

二叉排序树的构造过程如下：从一棵空树出发，依次输入元素，将它们插入树中的合适位置。关键字的序列不同，构造出来的二叉排序树也会有所不同。如图 4-20 所示是按照关键字序列[5,3,8,2,4,7,9,1,5]构造二叉树的过程。其中，当元素 5 时其值与关键码 5 相同，则可以插入其左子树（如 i）或右子树（如 j）。

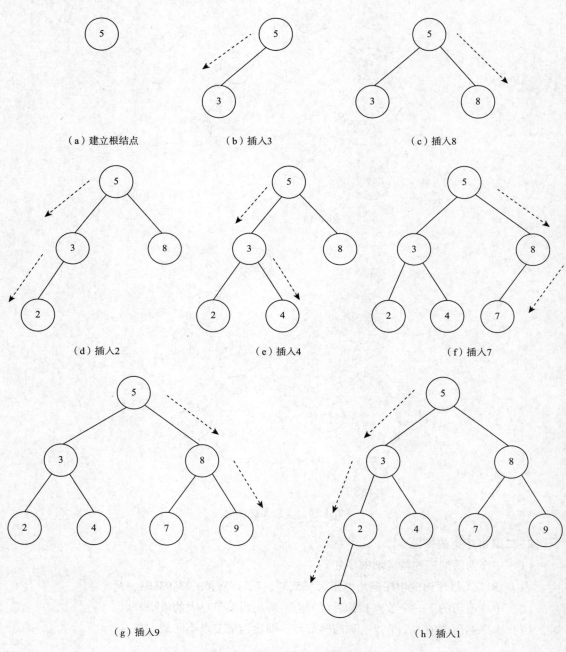

图 4-20　二叉排序树的构建

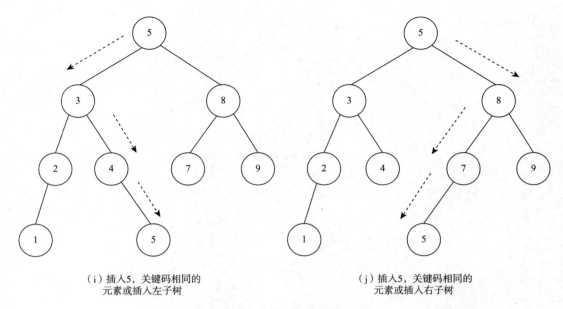

（i）插入5，关键码相同的
元素或插入左子树

（j）插入5，关键码相同的
元素或插入右子树

图 4-20　二叉排序树的构建（续）

（2）二叉树排序树输出（排序）

中序遍历即按照左—根—右的顺序遍历二叉树，这与二叉树的构造顺序相关，中序遍历二叉排序树可以为二叉树排序输出。

（3）二叉排序树查找

二叉排序树的查找是从根结点开始，沿某个分支逐层向下比较的过程。若二叉排序树非空，先将给定的关键字与根结点的关键字进行比较，若相等，则查找成功；若不相等，如果小于根结点的关键字，则在根结点的左子树上查找，如果大于根结点的关键字，则在根结点的右子树上查找。

在二叉排序树上查找 3 的过程，如图 4-21 所示。

（4）在二叉排序树中删除结点

① 删除叶结点，只需将其双亲结点指向它的指针清零，再释放它即可。

② 被删结点缺右子树，可以拿它的左子女结点顶替它的位置，再释放它。

③ 被删结点缺左子树，可以拿它的右子女结点顶替它的位置，再释放它。

④ 被删结点左、右子树都存在，可以在它的右子树中寻找中序下的第一个结点（关键码最小），用它的值填补到被删结点中，再来处理这个结点的删除问题。

关键操作如图 4-22 所示。

4. 代码实现

仔细观察二叉排序树的结构，发现它本质和二叉树没什么区别，都是一个数据域和两个指针域，所以空树就可以用 null 来表示。代码实现指针域的时候采用的是"键值对"的形式，键就是结点的唯一标识。

【例 4-5】将数值列表 [7, 3, 10, 12, 5, 1, 9, 2] 构造为二叉排序树，并将此二叉排序树以中序遍历输出，即排序。用户输入要删除的结点，查找并删除该结点。

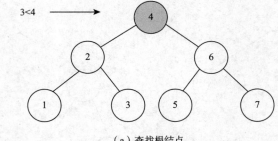

（a）查找根结点

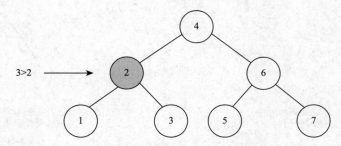

（b）查找左子树的根结点

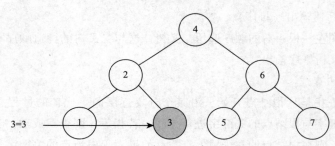

（c）查找左子树的右结点

图 4-21　二叉排序树上查找 3 的过程

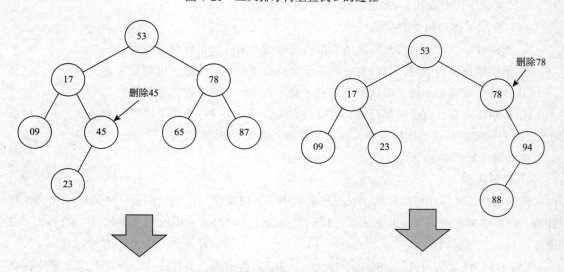

图 4-22　在二叉排序树中删除结点的关键操作

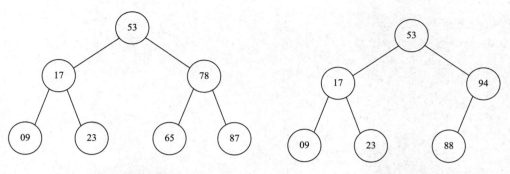

（a）缺右子树用左子女填补　　　　　　　　（b）缺右子树用左子女填补

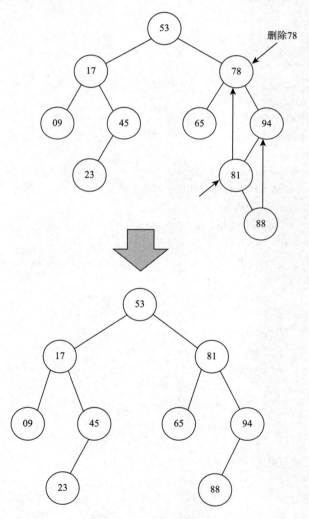

（c）在右子树上找中序第一个结点填补

图 4-22　在二叉排序树中删除结点的关键操作（续）

```python
#构造二叉排序树
class TreeNode(object):
    def __init__(self, val):
        self.val = val
        self.left = None
        self.right = None

class BinarySortTree(object):
    def __init__(self):
        self.root = None

    # 添加结点
    def add(self, val):
        node = TreeNode(val)
        if self.root is None:
            self.root = node
            return
        queue = [self.root]
        while queue:
            temp_node = queue.pop(0)
            # 判断传入结点的值和当前子树结点的值关系
            if node.val < temp_node.val:
                if temp_node.left is None:
                    temp_node.left = node
                    return
                else:
                    queue.append(temp_node.left)
            if node.val >= temp_node.val:
                if temp_node.right is None:
                    temp_node.right = node
                    return
                else:
                    queue.append(temp_node.right)

    # 中序遍历
    def in_order(self, node):
        if node is None:
            return
        self.in_order(node.left)
        print(node.val, end = " ")
        self.in_order(node.right)

    # 删除节点
    def del_node(self, node, val):
```

```
    '''
    :param node: 传入根结点
    :param val: 传入要删除结点的值
    :return:
    '''
        if node is None:
            return
        # 先去找到要删除的结点
        target_node = self.search(node, val)
        if target_node is None:   # 如果没有找到要删除的结点
            return
        # 如果发现当前这棵二叉排序树只有一个结点
        if node.left is None and node.right is None:
            self.root = None    # 根结点直接置空
            return
        # 去找到 target_node 的父结点
        parent = self.parent(node, val)

        # 删除的结点是叶子结点
        if target_node.left is None and target_node.right is None:
            # 判断 target_node 是父结点的左子结点,还是右子结点
            if parent.left and parent.left.val == val:    # target_node 是左子结点
                parent.left = None
            elif parent.right and parent.right.val == val:   # target_node 是右子结点
                parent.right = None
        elif target_node.left and target_node.right:   # 删除有两棵子树的结点
            min_val = self.del_right_tree_min(target_node.right)
            target_node.val = min_val

        # 删除只有一棵子树的结点
        else:
            if target_node.left:   # 如果要删除的结点 target_node 有左子结点
                if parent:   # 如果 target_node 有父结点
                    if parent.left.val == val:    # target_node 是 parent 左子结点
                        parent.left = target_node.left
                    else:   # parent.right.val == val,即 target_node 是 parent 右子结点
                        parent.right = target_node.left
                else:
                    self.root = target_node.left
            else:   # 如果要删除的结点 target_node 有右子结点
                if parent:   # 如果 target_node 有父结点
                    if parent.left.val == val:
                        parent.left = target_node.right
                    else:   # parent.right.val == val,即 target_node 是 parent 右子结点
```

```python
                    parent.right = target_node.right
            else:
                self.root = target_node.right

    # 查找结点
    def search(self, node, val):
        '''
        :param node: 传入根结点
        :param val: 传入要查找的值
        :return: 找到返回该值,没找到返回None
        '''
        if node is None:
            return None
        if node.val == val:
            return node
        if val < node.val:
            return self.search(node.left, val)
        else:
            return self.search(node.right, val)

    # 查找结点的父结点
    def parent(self, node, val):
        '''
        :param node: 传入根结点
        :param val: 传入要找的父结点的值
        :return: 如果找到返回该父结点,如果没有找到返回None
        '''
        if node is None:    # 如果要找的值遍历完二叉树还不存在,由此退出并返回None
            return None
        if self.root.val == val:    # 根结点没有父结点
            return None
        # 如果当前结点的左子结点或者右子结点存在,并且值就是要找的,直接返回它的父结点
        if (node.left and node.left.val == val) or (node.right and node.right.val == val):
            return node
        else:
            # 如果要找的结点值小于父结点且它的左子结点存在,向左递归
            if val < node.val and node.left:
                return self.parent(node.left, val)
            # 如果要找的结点值大于父结点且它的右子结点存在,向左递归
            elif node.val < val and node.right:
                return self.parent(node.right, val)
```

```python
    def del_right_tree_min(self, node):
        # 从target_node的右子树出发,查找它的左边最小结点,并返回删除结点的值
        # 作用1:返回以node为根结点的二叉排序树的最小结点
        # 作用2:删除以node为根结点的二叉排序树的最小结点
        temp_node = node
        # 循环查找左结点,直到找到最小值
        while temp_node.left:
            temp_node = temp_node.left
        # 这时target就指向了最小结点
        # 调用删除方法,删除最小结点
        self.del_node(self.root, temp_node.val)    # 注意传入的还是根结点,从根结点开始查找
        return temp_node.val


if __name__ == '__main__':
    t = BinarySortTree()
    note_array = [7, 3, 10, 12, 5, 1, 9, 2]

    for item in note_array:
        t.add(item)

    '''# 测试:删除叶子结点
    t.del_node(t.root, 2)
    t.del_node(t.root, 5)
    t.del_node(t.root, 9)
    t.del_node(t.root, 12)
    t.in_order(t.root) # 1 3 7 10
    '''

    '''# 测试:删除只有一棵子树的结点
    t.del_node(t.root, 1)
    t.in_order(t.root) # 2 3 5 7 9 10 12
    '''
    # 测试:删除有两棵子树的结点
    # t.del_node(t.root, 7)
    # t.in_order(t.root) # 1 2 3 5 9 10 12
    # t.del_node(t.root, 10)
    # t.in_order(t.root)   # 1 2 3 5 7 9 12
    # t.in_order(t.root)
    print("二叉排序树的中序遍历结果为:")
    t.in_order(t.root)
    # 连续删除任意结点测试:
    key_dele = int(input("\n请输入要查找并删除的关键数值:"))
    t.del_node(t.root, key_dele)
```

```
# t.del_node(t.root, 5)
# t.del_node(t.root, 9)
# t.del_node(t.root, 12)
# t.del_node(t.root, 7)
# t.del_node(t.root, 3)
# t.del_node(t.root, 10)
# t.del_node(t.root, 1)
  t.in_order(t.root)
```

运行结果：

二叉排序树的中序遍历结果为：
1 2 3 5 7 9 10 12
请输入要查找并删除的关键数值：3
1 2 5 7 9 10 12

二叉排序树的平均查找长度与 $\log_2 n$ 是同数量级的（n 为二叉排序树的深度）。二叉排序树的优缺点：列表的搜索比较方便，可以直接用下标，但删除或者插入某些元素就比较麻烦；链表与之相反，删除和插入元素很快，但查找很慢。要想提高二叉排序树的查找效率，应尽量让二叉树的形状均衡，即平衡二叉树。

4.1.6 哈希表查找

1. 哈希表的概念

哈希表又称散列表，是根据关键码值而直接进行访问的数据结构。也就是说，它通过把关键码值映射到表中一个位置来访问记录，以加快查找的速度。这个映射函数叫作散列函数，存放记录的数组叫作散列表。若对于关键字集合中的任一个关键字，经散列函数映象到地址集合中任何一个地址的概率是相等的，则称此类散列函数为均匀散列函数（uniform hash function），这就是使关键字经过散列函数得到一个"随机的地址"，从而减少冲突。

由此哈希表有了更进一步的定义，通过哈希函数将每一个一般的键映射到一个表中的相应索引上。理想状况下，键由哈希函数分配到（0，$N-1$）的范围上，但实际情况可能有两个乃至于多个键映射到同一个索引上。因此，将表的概念定义为桶数组（哈希表底层实现的根本数据结构），该数组内有 N 个桶，每个桶内有键值对元组（一个或者多个，或者 None），如图 4-23 所示。每个桶都管理一个元组集合，而这些元组则通过哈希函数发送到具体的索引。

举个例子。如存储学生信息，学生信息包括学生的学号、姓名、性别、主修方向。在存储学生数据时，如果把学号为 0 的学生存储在列表 0 位置，学号为 1 的学生存储在列表 1 位置（见图 4-24）……这里把学生的学号和列表的索引号进行关联，查询某一个学生时，知道了学生的学号也就知道了学生数据存储在列表中的位置，可以认为查询的时间复杂度为 $O(1)$。

之所以可以达到常量级，是因为这里有信息关联（学生学号关联到数据的存储位置）。还有一点，学生的学号是公开信息也是常用信息，很容易获取。但是，不是存储任何数据时，都可以找到与列表位置相关联的信息。比如存储所有的英文单词，不可能为每一个英文单词编号。即使编号了，编号在这里也仅仅是流水号，没有数据含义的数据对于使用者来讲是不友好的，谁也无法记住哪个英文单词对应哪个编号。

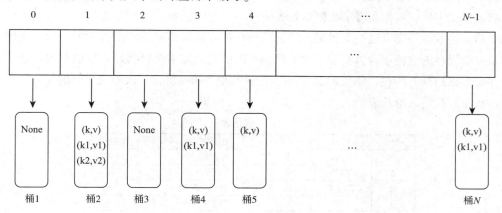

图 4-23 哈希表原理

学生信息表

学号	姓名	性别	主修方向
0	吴达嘉	男	短道速滑
1	任正伍	男	短道速滑
2	郭爱丽	女	女子大跳台
3	许桃	女	自由式滑雪女子空中技巧

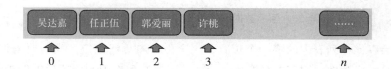

图 4-24 学号与存储位置对应关系

所以使用列表存储英文单词后需要查询时，因没有单词的存储位置。还是需要使用查询算法，这时的时间复杂度由使用的查询算法的时间复杂度决定。如果对上述存储在列表的学生信息进行了插入、删除……操作，改变了数据原来的位置后，因破坏了学号与位置关联信息，再查询时也只能使用其他查询算法，不可能达到常量级。

是否存在一种方案，能最大化地优化数据的存储和查询？通过上述的分析，可以得出一个结论，要提高查询的速度，得想办法把数据与位置进行关联。而哈希表的核心思想便是如此。哈希表引入了关键字概念，关键字可以认为是数据的别名。如图 4-25 所示，可以给每一个学生起一个别名，这个就是关键字。

学生信息表

学号	姓名	性别	主修方向	别名
0	吴达嘉	男	短道速滑	wdj
1	任正伍	男	短道速滑	rzw
2	郭爱丽	女	女子大跳台	gal
3	许桃	女	自由式滑雪女子空中技巧	xt

图 4-25 为学生信息表中数据设定关键字

说明：这里的关键字是姓名的拼音缩写，关键字和数据的关联性较强，方便记忆和查询。

有了关键字后，再把关键字映射成列表中的一个有效位置，映射方法就是哈希表中最重要的概念哈希函数。关键字是一个桥梁，即关联到真正数据又关联到哈希表中的位置。关键字也可以是需要保存的数据本身。哈希函数的功能：提供把关键字映射到列表中的位置算法，是哈希表存储数据的核心所在。如图 4-26 所示，演示数据、哈希算法、哈希表之间的关系，可以说哈希函数是数据进入哈希表的入口。

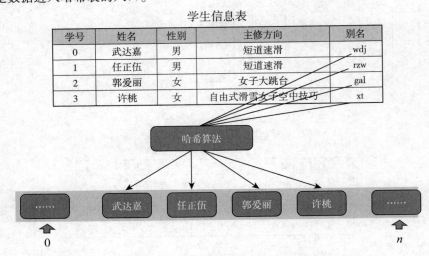

图 4-26　演示数据、哈希算法、哈希表之间的关系

数据最终会存储在列表中的哪一个位置，完全由哈希算法决定。当需要查询学生数据时，同样需要调用哈希函数对关键字进行换算，计算出数据在列表中的位置后就能很容易查询到数据。如果忽视哈希函数的时间复杂度，基于哈希表的数据存储和查询时间复杂度是 $O(1)$。如此说来，哈希函数算法设计的优劣是影响哈希表性能的关键所在。

2. 哈希算法

哈希算法决定了数据的最终存储位置，不同的哈希算法设计方案，也关乎哈希表的整体性能，所以，哈希算法就变得尤为重要。无论使用何种哈希算法，都有一个根本，哈希后的结果一定是一个数字，表示列表（哈希表）中的一个有效位置，也称为哈希值。使用哈希表存储数据时，关键字可以是数字类型也可以是非数字类型，其实，关键字可以是任何一种类型。这里先讨论当关键字为非数字类型时设计哈希算法的基本思路。

3. 常见哈希算法

（1）折叠法

将关键字分割成位数相同的几个部分（最后一部分的位数可以不同）然后取这几部分的叠加和（舍去进位）作为哈希值。折叠法又分为移位叠加和间界叠加。移位叠加是将分割后的每一部分的最低位对齐，然后相加。间界叠加是从一端沿分割线来回折叠，然后对齐相加。因有相加求和计算，折叠法适合数字类型或能转换成数字类型的关键字。假设现在有很多商品订单信息，为了简化问题，订单只包括订单编号和订单金额。现在使用哈希表存储订单数据，且以订单编号为关键字，订单金额为值，如表 4-1 所示。

移位叠加法换算关键字的思路：第一步，把订单编号 20201011 按每 3 位一组分割，分割后的结果是 202、010、11。按 2 位一组还是 3 位一组进行分割，可以根据实际情况决定。第二步，把分割后的数字相加，即 202 + 010 + 11，得到结果 223。再使用取余数法，如果哈希表的长度为 10，则除以 10 后的余数为 3。这里除以 10 仅是为了简化问题细节，具体操作时，很少选择列表的长度。第三步，对其他的关键字采用相同的处理方案。如表 4-2 所示为关键字与哈希值对应表。

表 4-1 订单信息表

订单编号	订单金额
20201011	400.00
19981112	300.00
20221212	200

表 4-2 关键字与哈希值对应表

关键字	哈希值
20201011	3
19981112	2
20221212	6

间界叠加法，会间隔地把要相加的数字进行反转。如订单编号 19981112 按 3 位一组分割，分割后的结果为 199、811、12，间界叠加操作求和表达式为 199 + 118 + 12 = 339，再把结果 339%10 得 9。

（2）平方取中法

先是对关键字求平方，再在结果中取中间位置的数字。求平方再取中算法，是一种较常见的哈希算法，从数学公式可知，求平方后得到的中间几位数字与关键字的每一位都有关，取中法能让最后计算出来的哈希值更均匀。因要对关键字求平方，关键字只能是数字或能转换成数字的类型，至于关键字本身的大小范围限制，要根据使用的计算机语言灵活设置。

表 4-3 为图书数据，图书包括图书编号和图书名称。现在需要使用哈希表保存图书信息，以图书编号为关键字，图书名称为值。

表 4-3 图书情况表

图书编号	图书名称
58	Python 从入门到精通
67	C++ STL
78	Java 内存模型

使用平方取中法计算关键字的哈希值：第一步，对图书编号 58 求平方，结果为 3 364。第二步，取 3 364 的中间值 36，然后再使用取余数方案。如果哈希表的长度为 10，则 36%10 得 6。第三步，对其他的关键字采用相同的计算方案。

上述求平方取中间值的算法仅针对本文提供的图书数据，如果需要算法具有通用性，则需要根据实际情况修改。注意"取中"，不一定是绝对中间位置的数字。

（3）直接地址法

提供一个与关键字相关联的线性函数。如针对上述图书数据，可以提供线性函数 $f(k) = 2 \times key + 10$。

系数 2 和常数 10 的选择会影响最终生成的哈希值的大小，可以根据哈希表的大小和操作的数据含义自行选择。key 为图书编号，当关键字不相同时，使用线性函数得到的值也是唯一的，所以，不会产生哈希冲突，但是会要求哈希表的存储长度比实际数据要大。这种算法在实际应用中并不多见。实际应用时,具体选择何种哈希算法,完全由开发者定夺,哈希算法的选择没有固定模式可循,虽然上面介绍了几种算法,只是提供一种算法思路。

（4）除留取余法

如果知道哈希表的最大长度为 m,可以取不大于 m 的最大质数 p,然后对关键字进行取余运算,address(key) = key % p。这里 p 的选取非常关键,p 选择得好的话,能够最大程度地减少冲突,p 一般取不大于 m 的最大质数。

4. 处理冲突

对不同的关键字可能得到同一散列地址,这种现象称为冲突。哈希表的主要思想是,使用一个哈希桶数组 A 和一个哈希函数 h,并用它们通过对桶 M[h(k)]中存储的每个元组进行排序实现映射。但是当有两个不同的对象 k1 和 k2 使 h(k1) = = h(k2),则会出现冲突。由于存在这样冲突的可能,所以不能够简单地直接将新元组(k,v)插入到桶 M[h(k)]中。

就此,产生了在插入元组前的冲突解决方案,这里介绍两种常用方案。

（1）线性探测及其变种

使用开放寻址处理冲突的一个简单方法就是线性检测。使用这个方法时,如果将(k,v)插入桶 M[i]处,则 h(k) = i,但是 M[i]已经被占用,那么将尝试插入 M[(i+1) mod N],如果依旧被占用则尝试插入 M[(i+2) mod N],依次进行直到找到一个空桶存放该元组为止。一旦定位到空桶,即可简单地将元组直接插入其中。当试图查找键为 k 的元组时,必须从 M[H(k)]开始向后连续检测,直到找到一个键为 k 的元组或者发现一个空桶为止。

简单的理解,当发生哈希冲突后,会在冲突位置之后寻找一个可用的空位置。如图 4-27 所示,使用取余数哈希算法,保存数据到哈希表中。

哈希表的长度设置为 15,除数设置为 13。

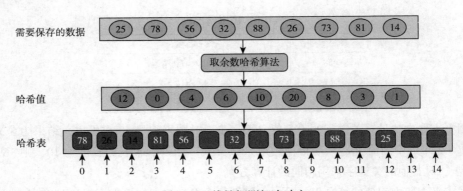

图 4-27 线性探测解决冲突

解决冲突的流程：78 和 26 的哈希值都是 0。而因为 78 在 26 的前面,78 先占据哈希表的 0 位置。当存储 26 时,只能以 0 位置为起始位置,向后寻找空位置,因 1 位置没有被其他数据占据,最终保存在哈希表的 1 位置。当存储数字 14 时,通过哈希算法计算,其哈希值是 1,本应该要保存在哈希表中 1 的位置,因 1 位置已经被 26 所占据,只能向后寻找空位置,最终落脚在 2 位置。线性探测法让发生哈希冲突的数据保存在其他数据的哈希位置,如果冲突的数据较多,则占据的本应该属于其他数据的哈希位置也较多,这种现象称为哈希聚集。

（2）链表法

解决冲突最简单有效的方法是使桶存储自己的二级容器，容器存储元组(k,v)，如 h(k) = j，用一个很小的 list 来实现 mao 实例是实现二级容器很自然的选择。这种解决方案称为分离链表。

上面所述的线性探测法冲突解决方案的核心思想是，当冲突发生后，在哈希表中再查找一个有效空位置。这种方案的优势是不会产生额外的存储空间，但易产生数据聚集，会让数据的存储不均衡，并且会违背初衷，通过关键字计算出来的哈希值并不能准确描述数据正确位置。

链表法应该是所有解决哈希冲突中较完美的方案。所谓链表法，指当发生哈希冲突后，以冲突位置为首结点构建一条链表，以链表方式保存所有发生冲突的数据，如图 4-28 所示。

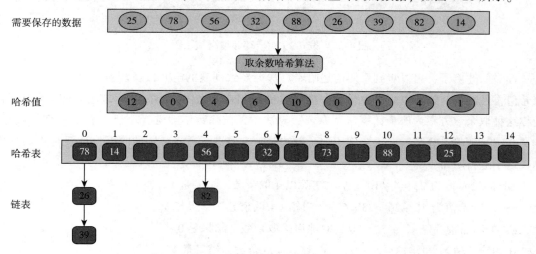

图 4-28　链表法解决冲突

链表方案解决冲突，无论在存储、查询、删除时都不会影响其他数据位置的独立性和唯一性，且因链表的操作速度较快，对于哈希表的整体性能都有较好改善。使用链表法时，哈希表中保存的是链表的首结点。首结点可以保存数据也可以不保存数据。

如前例子中所述，已经为每一个学生提供了一个以姓名的拼音缩写的关键字。现在如何把关键字映射到列表的一个有效位置？这里可以简单地把拼音看成英文中的字母，先分别计算每一个字母在字母表中的位置，然后相加，得到一个数字。使用上面的哈希思想对每一个学生的关键字进行哈希：

wdj 的哈希值为 $23 + 4 + 10 = 37$。

rzw 的哈希值为 $18 + 26 + 23 = 67$。

gal 的哈希值为 $7 + 1 + 12 = 20$。

xt 的哈希值为 $24 + 13 + 20 = 57$。

前面说过，哈希值是表示数据在列表中的存储位置，现在假设一种理想化状态，学生的姓名都是 3 个汉字，意味着关键字也是 3 个字母，采用上面的哈希算法，最大的哈希值应该是 zzz = $26 + 26 + 26 = 78$，意味着至少应该提供一个长度为 78 的列表。如果，现在仅仅只保存四名学生，虽然只有四名学生，因无法保证学生的关键字不出现 zzz，所以列表长度还是 78，如图 4-29 所示。

学生信息表

学号	姓名	性别	主修方向	别名
0	武达嘉	男	短道速滑	wdj
1	任正伍	男	短道速滑	rzw
2	郭爱丽	女	女子大跳台	gal
3	许桃	女	自由式滑雪女子空中技巧	xt

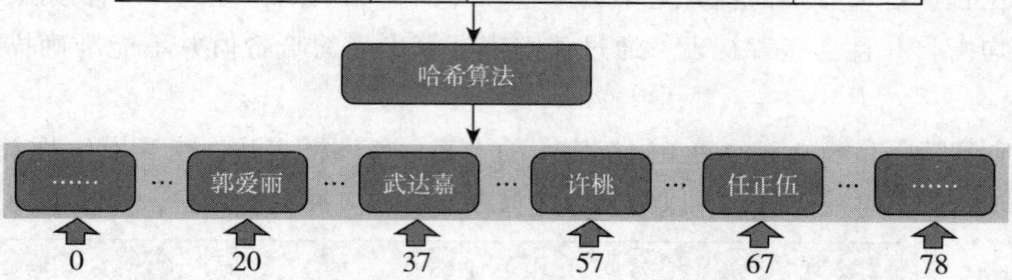

图 4-32 按 0-29 对应存储情况演示图

针对前述例子，可以看到采用前述哈希算法会导致列表的空间浪费严重，最直观想法是对哈希值再做约束，如除以 4 再取余数，把哈希值限制在 4 之内，4 个数据对应 4 个哈希值，我们称这种取余数方案为取余数算法。取余数算法中，被除数一般选择小于哈希表长度的素数。本文介绍其他哈希算法时，也会使用取余数法对哈希值进行适当范围的收缩。重新对 4 名学生的关键字进行哈希。

wdj 的哈希值为 23 + 4 + 10 = 37。37 除以 4 取余数，结果是 1。
rzw 的哈希值为 18 + 26 + 23 = 67。67 除以 4 取余数，结果是 3。
gal 的哈希值为 7 + 1 + 12 = 20。20 除以 4 取余数，结果是 0。
xt 的哈希值为 24 + 13 + 20 = 57。57 除以 4 取余数，结果是 1。

图 4-30 出现了一个很奇怪的现象，没有看到武达嘉的存储信息。四个存储位置存储 4 名学生，应该是刚刚好，但是，只存储了三名学生，且还有一个位置是空闲的。现在编码验证，检查是不是人为因素引起的。

学生信息表

学号	姓名	性别	主修方向	别名
0	武达嘉	男	短道速滑	wdj
1	任正伍	男	短道速滑	rzw
2	郭爱丽	女	女子大跳台	gal
3	许桃	女	自由式滑雪女子空中技巧	xt

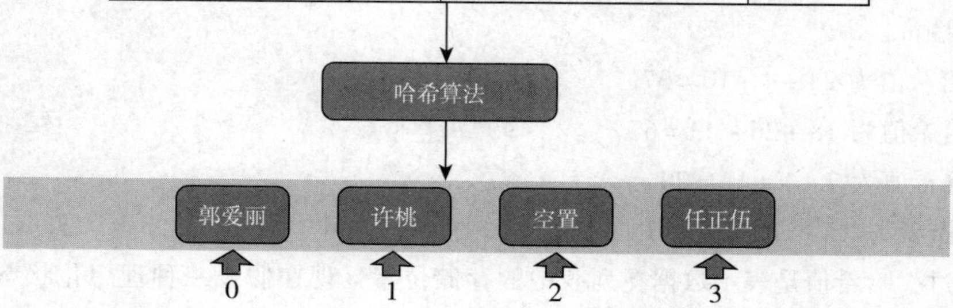

图 4-30 除 4 取余后存储情况演示图

执行代码如下：

```
def hash_code(key):
    # 设置字母A在字母表中的位置是1
    pos = 0
    for i in key:
        i = i.lower()
        res = ord(i) - ord('a') + 1
        pos += res
    return pos % 4
# 哈希表
hash_table = [None] * 4
# 计算关键字的哈希值
idx = hash_code('wdj')
# 根据关键字换算出来的位置存储数据
hash_table[idx] = '武达嘉'
idx = hash_code('rzw')
hash_table[idx] = '任正伍'
idx = hash_code('gal')
hash_table[idx] = '郭爱丽'
idx = hash_code('xt')
hash_table[idx] = '许桃'
print('哈希表中的数据:', hash_table)
```

运行结果：

哈希表中的数据：['郭爱丽', '许桃', None, '任正伍']

执行代码，输出结果，依然还是没有看到武达嘉的信息。原因何在？这是因为武达嘉和许桃的哈希值都是1，导致在存储时，后面存储的数据会覆盖前面存储的数据，这就是哈希中的典型问题，哈希冲突问题。所谓哈希冲突，指不同的关键字在进行哈希算法后得到相同的哈希值，这意味着，不同关键字所对应的数据会存储在同一个位置，这肯定会发生数据丢失，所以需要提供算法，解决冲突问题。研究哈希表，归根结底，是研究如何计算哈希值以及如何解决哈希值冲突的问题。针对上面的问题，有一种想当然的冲突解决方案，扩展列表的存储长度，如把列表扩展到长度为8。直观思维是：扩展列表长度，哈希值的范围会增加，冲突的可能性会降低。

执行代码如下：

```
def hash_code(key):
    # 设置字母A在字母表中的位置是1
    pos = 0
    for i in key:
        i = i.lower()
        res = ord(i) - ord('a') + 1
        pos += res
```

```
        return pos % 8

# 哈希表
hash_table = [None] * 8

# 保存所有学生
idx = hash_code('wdj')
# 根据关键字换算出来的位置存储数据
hash_table[idx] = '武达嘉'
idx = hash_code('rzw')
hash_table[idx] = '任正伍'
idx = hash_code('gal')
hash_table[idx] = '郭爱丽'
idx = hash_code('xt')
hash_table[idx] = '许桃'
print('哈希表中的数据:', hash_table)
```

运行结果：

哈希表中的数据：[None, '许桃', None, '任正伍', '郭爱丽', '武达嘉', None, None]

以上查询结果可以用图 4-31 描述。

学生信息表

学号	姓名	性别	主修方向	别名
0	武达嘉	男	短道速滑	wdj
1	任正伍	男	短道速滑	rzw
2	郭爱丽	女	女子大跳台	gal
3	许桃	女	自由式滑雪女子空中技巧	xt

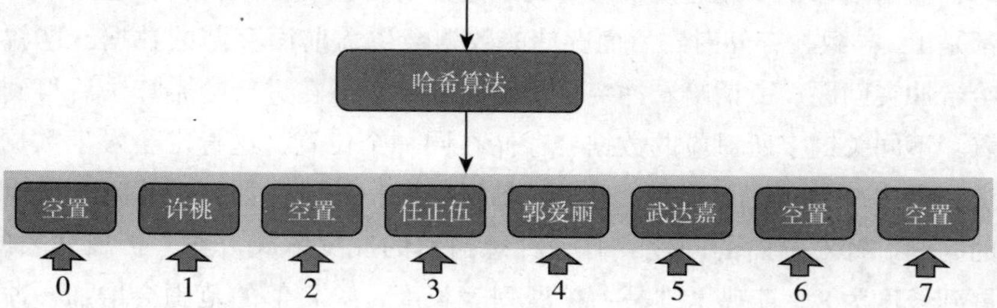

图 4-31　除 8 取余后存储情况演示图

貌似解决了冲突问题，其实不然，这是在要存储的数据是已知情况下的尝试。如果数据是动态变化的，显然这种扩展长度的方案绝对不是本质解决冲突的方案。即不能解决冲突，且产生大量空间浪费。

综上所述，对哈希算法的理想要求是：为每一个关键字生成一个唯一的哈希值，保证每一个数据都有只属于自己的存储位置。哈希算法的性能时间复杂度要低。

现实情况是，同时满足这两个条件的哈希算法几乎是不可能有的，面对数据量较多时，哈希冲突是常态。所以，只能是尽可能满足。因冲突的存在，即使为 100 个数据提供 100 个有效存储空间，还是会有空间闲置。这里把实际使用空间和列表提供的有效空间相除得到的结果，称之为哈希表的占有率（载荷因子）。

如上述，当列表长度为 4 时，占有率为 3/4 = 0.75，当列表长度为 8 时，占有率为 4/8 = 0.5，一般要求占有率控制在 0.6~0.9 之间。

哈希表查找的优点是查找速度极快 $O(1)$，查找效率与元素个数 n 无关。

任务实现

最小供暖半径

1. 基本思路

转换为两个数组，寻找一个数组在另外一个数组中距离最近的值。先将供暖设备的数组进行排序；找到每个房屋左边和右边距离最近的供暖设备，再选出最近的距离和对应的设备。取在所有房屋的最近距离的最大值。

2. 代码实现

```
from bisect import bisect

def findRadius(houses, heaters):
    heaters.sort()
    ans = 0

    for h in houses:
        hi = bisect(heaters, h)
        left = heaters[hi-1] if hi - 1 >= 0 else float('-inf')
        right = heaters[hi] if hi < len(heaters) else float('inf')
        ans = max(ans, min(h - left, right - h))

    return ans

houses = [1,2,3,4]
heaters = [1,4]
f1 = findRadius(houses, heaters)
print('若需要供暖的房间为[1,2,3,4],供暖设备在[1,4]房间,则最小加热半径应设定为:')
print(f1)


houses2 = [1,12,23,34]
heaters2 = [12,24]
f2 = findRadius(houses2, heaters2)
print('若需要供暖的房间为[1,12,23,34],供暖设备在[12,24]房间,则最小加热半径应设定为:')
print(f2)
```

3. 运行结果

```
若需要供暖的房间为[1,2,3,4],供暖设备在[1,4]房间,则最小加热半径应设定为:
1
若需要供暖的房间为[1,12,23,34],供暖设备在[12,24]房间,则最小加热半径应设定为:
11
```

习题

1. 设有100个元素，用二分法查找时，最大比较次数是（　　）。
   A. 7　　　　　　　B. 1　　　　　　　C. 10　　　　　　　D. 50
2. 适用于二分法查找的表的存储方式及元素排列要求为（　　）。
   A. 链接方式存储，元素无序　　　　　B. 顺序方式存储，元素无序
   C. 链接方式存储，元素有序　　　　　D. 顺序方式存储，元素有序
3. 用二分查找法找表的元素的速度比用顺序法（　　）。
   A. 一定快　　　　　B. 一定慢　　　　　C. 相等　　　　　D. 不能确定
4. 设一组序列为(13,18,24,35,46,57,58,68,69,70,78,80,85,90)，利用二分查找法查找关键字85，需要比较的关键字个数为（　　）。
   A. 1　　　　　　　B. 2　　　　　　　C. 3　　　　　　　D. 4
5. 二叉排序树的（　　）序遍历的序列是递增的序列。
   A. 前　　　　　　　B. 中　　　　　　　C. 后　　　　　　　D. 前、中、后

任务4.2　用排序算法实现"整理扑克牌"

任务描述

小王打牌时抓到如下顺序的扑克牌[12, 8, 9, 33, 21, 6]，他一边抓牌一边从小到大按插入排序法整理好扑克牌顺序，请模拟出其整理过程和最终结果。

学习目标

知识目标	理解排序的基本概念；
	掌握插入排序的算法原理；
	掌握选择排序的算法原理；
	掌握冒泡法排序的算法原理；
	掌握快速排序的算法原理；
	掌握归并排序的算法原理
能力目标	具备应用插入排序法实现排序的能力；
	具备应用选择排序法实现排序的能力；
	具备应用冒泡法排序实现排序的能力；
	具备应用快速排序法实现排序的能力；
	具备应用归并排序法实现排序的能力；
	能够根据具体需求，分析并选择恰当的排序法实现数据排序功能
素质目标	提升任务文档的阅读能力；
	提高分析问题、解决问题的能力；
	培养精益求精的工匠精神；
	提高归纳能力

 知识学习

4.2.1 排序

视频
探秘排序

1. 排序的概念

排序是数据应用中的重要操作，那么什么是排序呢？

排序（sorting）又称分类，就是将一组任意序列的数据元素按一定的规律进行排列（按照其中的某个或某些关键字的大小，递增或递减地排列起来的操作），使之成为有序序列。

排序是计算机程序设计中的一种重要操作，也是日常生活中经常遇到的问题，如高考录取按总分从高到低进行，奥运奖牌榜按奖牌数量由多到少排定名次，都是按某种次序进行的。

排序的目的是什么？为了查找方便，通常希望计算机中的表是按关键字有序的。因为有序的顺序表可以采用查找效率较高的二分查找法，其平均查找长度为 $O(\log_2 n)$，而无序的顺序表只能进行顺序查找，其平均查找长度为 $(n+1)/2$，又如建造二叉排序树的过程本身就是一个排序的过程。因此排序的主要目的是便于查找。

2. 常用术语

内部排序：若待排序记录都在内存中，称为内部排序。本任务仅讨论内部排序的各种典型方法和算法。

外部排序：若待排序记录一部分在内存，一部分在外存，则称为外部排序。外部排序时，要将数据分批调入内存来排序，中间结果还要及时放入外存，显然外部排序要复杂得多。

排序的时间效率：排序速度（比较次数与移动次数）。

排序的空间效率：内存辅助空间的大小。

排序的稳定性：数组 arr 中有若干元素，其中 A 元素和 B 元素相等，并且 A 元素在 B 元素前面，如果使用某种排序算法排序后，能够保证 A 元素依然在 B 元素的前面，可以说这个算法是稳定的。如图 4-32 第二行为稳定的算法，第三行为不稳定的算法。

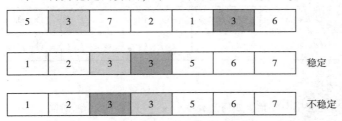

图 4-32 排序算法稳定性示例

排序的稳定性是十分重要的。如果一组数据只需要一次排序，则稳定性一般是没有意义的，如果一组数据需要多次排序，稳定性是有意义的。例如，要排序的内容是一组商品对象，第一次排序按照价格由低到高排序，第二次排序按照销量由高到低排序，如果第二次排序使用稳定性算法，就可以使得相同销量的对象依旧保持着价格高低的顺序展现，只有销量不同的对象才需要重新排序。这样既可以保持第一次排序的原有意义，而且可以减少系统开销。

3. 排序的分类

常见排序算法包括以下四大类：插入排序、选择排序、交换排序、归并排序，如图 4-33 所示。

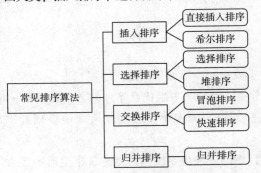

图 4-33　常见排序算法

表 4-4 列出了常用 10 种排序算法的性能情况：

表 4-4　常用 10 种排序算法的性能情况

排序算法	平均时间复杂度	最好情况	最坏情况	空间复杂度	排序方式	稳定性
冒泡排序	$O(n^2)$	$O(n)$	$O(n^2)$	$O(1)$	In-place	稳定
选择排序	$O(n^2)$	$O(n^2)$	$O(n^2)$	$O(1)$	In-place	不稳定
插入排序	$O(n^2)$	$O(n)$	$O(n^2)$	$O(1)$	In-place	稳定
希尔排序	$O(n\log_2 n)$	$O(n\log_2 n)$	$O(n\log_2 n)$	$O(1)$	In-place	不稳定
归并排序	$O(n\log_2 n)$	$O(n\log_2 n)$	$O(n\log_2 n)$	$O(n)$	Out-place	稳定
快速排序	$O(n\log_2 n)$	$O(n\log_2 n)$	$O(n^2)$	$O(\log_2 n)$	In-place	不稳定
堆排序	$O(n\log_2 n)$	$O(n\log_2 n)$	$O(n\log_2 n)$	$O(1)$	In-place	不稳定
计数排序	$O(n+k)$	$O(n+k)$	$O(n+k)$	$O(k)$	Out-place	稳定
桶排序	$O(n+k)$	$O(n+k)$	$O(n^2)$	$O(n+k)$	Out-place	稳定
基数排序	$O(n+k)$	$O(n\times k)$	$O(n\times k)$	$O(n+k)$	Out-place	稳定

4. 排序方法的选择

各种排序方法在实际应用中究竟该如何选择呢？一个好的排序算法所需要的比较次数和存储空间都应该较少，但是不存在一个"十全十美"的排序算法能够适合于不同的场合，每一种排序算法各有优缺点。在实际应用中，应根据问题的规模大小、排序的稳定性、算法的效率等方面进行分析和比较，从而针对不同的应用场合选择合适的排序算法。一般来说，首先应从稳定性方面进行分析。若要求算法稳定，则只能在稳定方法中选择，否则可从所有排序方法中进行选择，也可从待排序的记录数 n 的大小上进行考虑。若 n 较大，首先在改进的排序方法中进行选择，然后再考虑其他因素。综上所述，列出以下几种选择方法，仅供读者参考：

① 当待排序的结点数 n 较大、关键字分布比较均匀且对算法的稳定性不作要求时，宜选择快速排序法。

② 当待排序的结点数 n 较大、关键字分布可能出现正序或逆序的情况且对算法的稳定性不作要求时，宜采用堆排序或归并排序。

③ 当排序的结点数 n 较大、内存空间较大且要求算法稳定时，宜采用归并排序。

④ 当待排序的结点数 n 较小，对排序的稳定性不作要求时，宜采用直接选择排序。若关键字不接近逆序，也可采用直接插入排序。

⑤ 当待排序的结点数 n 较大，关键字基本有序或分布较均匀且要求算法稳定时，采用直接插入排序。在实际应用中，可根据实际要求进行选择。

4.2.2 插入排序

插入排序

插入排序分为直接插入排序和希尔排序，这里介绍直接插入排序。

1. 基本思路

整个区间被分为：有序区间和无序区间。每次选择无序区间的第一个元素，在有序区间内选择合适的位置插入，如图 4-34 所示。

可以简单地把直接插入排序理解为生活中的打牌游戏，我们一边揭牌一边为扑克牌整理顺序。如我们排好了 5, 7, 8, 当我们揭到一张 6 时，就会把 6 插入 5 和 7 之间。以图 4-35 所示数据为例，展示直接插入排序的实现过程。

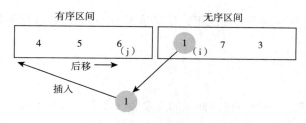

```
原始数据：  12  8  9 33 21  6
揭了一张牌  i=0  12  8  9 33 21  6
揭了两张牌  i=1   8 12  9 33 21  6
揭了三张牌  i=2   8  9 12 33 21  6
揭了四张牌  i=3   8  9 12 33 21  6
揭了五张牌  i=4   8  9 12 21 33  6
揭了六张牌  i=5   6  8  9 12 21 33
```

图 4-34 插入排序基本思路　　图 4-35 插入排序的实现过程

2. 代码实现

【例 4-6】运用插入排序将 [12, 8, 9, 33, 21, 6] 数据升序排序。

代码实现：

```python
def insert_sort(lis):
    n = len(lis)
    for i in range(1, n):    # 默认当前已有 1 个数字
        print(f'第{i}次----->{lis}')
        
        # 无序区拿到当前第一个数字(第 i 次获取第 i 个数)
        tmp = lis[i]
        
        # 有序区最后一个数的位置
        j = i - 1    # j 表示 i 的前一个元素
        while lis[j] > tmp and j >= 0:    # 判断前一个元素是否比当前元素(lis[i])大
            lis[j+1] = lis[j]    # j+1 等价于 i 的位置，即把索引为 j 的元素往后移一位
```

```
            j -=1    #往左边移一位
        lis[j+1] =tmp


lis = [12, 8, 9, 33, 21, 6]
print('排序前:', lis)
insert_sort(lis)
print('排序后:', lis)
```

运行结果:

```
排序前:[12,8,9,33,21,6]
第1次-----> [12, 8, 9, 33, 21, 6]
第2次-----> [8, 12, 9, 33, 21, 6]
第3次-----> [8, 9, 12, 33, 21, 6]
第4次-----> [8, 9, 12, 33, 21, 6]
第5次-----> [8, 9, 12, 21, 33, 6]
排序后:[6,8,9,12,21,33]
```

3. 性能分析

时间复杂度：最坏情况为 $O(n^2)$——数组逆序的情况下；最好情况 $O(n)$——数组有序的情况下。

特点：越有序越快。

空间复杂度：$O(1)$。

稳定性：比较是从有序序列的末尾开始，也就是想要插入的元素和已经有序的最大者开始比起，如果比它大则直接插入在其后面，否则一直往前找直到找到它该插入的位置。如果和插入元素相等，那么把要插入的元素放在相等元素的后面。所以，相等元素的前后顺序没有改变，从原无序序列出去的顺序就是排好序后的顺序，所以插入排序是稳定的。

4.2.3 选择排序

视频
选择排序

1. 基本思路

首先在未排序序列中找到最小（大）元素，存放到排序序列的起始位置；再从剩余未排序元素中继续寻找最小（大）元素，然后放到已排序序列的末尾；重复第二步，直到所有元素均排序完毕，如图4-36所示。

2. 代码实现

【例4-7】运用选择排序将 [2, 4, 3, 1, 6, 5] 数据升序排序。

```
def select_sort(lis):
    n = len(lis)
    for i in range(n):
        print(f'第{i}次-----> {lis}')
        min_loc = i    # 此轮最小的元素的索引,先默认当前元素的索引
        for j in range(i+1, n):
```

```
            if lis[j] < lis[min_loc]:
                min_loc = j

        lis[i], lis[min_loc] = lis[min_loc], lis[i]


lis = [2,4,3,1,6,5]
print('排序前:', lis)
select_sort(lis)
print('排序后:', lis)
```

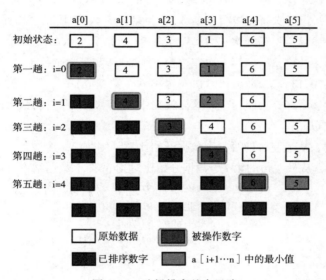

图 4-36　选择排序基本思路

运行结果：

```
排序前: [2, 4, 3, 1, 6, 5]
第 0 次-----> [2, 4, 3, 1, 6, 5]
第 1 次-----> [1, 4, 3, 2, 6, 5]
第 2 次-----> [1, 2, 3, 4, 6, 5]
第 3 次-----> [1, 2, 3, 4, 6, 5]
第 4 次-----> [1, 2, 3, 4, 6, 5]
第 5 次-----> [1, 2, 3, 4, 5, 6]
排序后: [1, 2, 3, 4, 5, 6]
```

3. 性能分析

时间复杂度：$O(n^2)$。

空间复杂度：$O(1)$。

稳定性：不稳定。

4.2.4 冒泡法排序

视频
冒泡法排序

1. 基本思路

冒泡法排序的基本思路如下：比较相邻的元素。如果第一个比第二个大，就交换它们两个位置；每一对相邻元素做同样的工作，从开始第一对到结尾的最后一对。在这一点，最后的元素应该会是最大的数；针对所有的元素重复以上的步骤，除了最后一个；持续每次对越来越少的元素重复上面的步骤，直到没有任何一对数字需要比较。

图4-37是将[49,38,65,97,76,13,27]数据进行冒泡法排序。

第一轮中，第一次将最左边的两个数49与38比较，如反序则交换，得到数据[38,49,65,97,76,13,27]；第二次将左边第二个数49与第三个数65比较，如反序则交换，得到数据[38,49,65,97,76,13,27]；第三次将左边第三个数65与第四个数97比较，如反序则交换，得到数据[38,49,65,97,76,13,27]；第四次左边第四个数97与第五个数76比较，如反序则交换，得到数据[38,49,65,76,97,13,27]；第五次左边第五个数97与第六个数13比较，如反序则交换，得到数据[38,49,65,76,13,97,27]；第六次左边第六个数97与第七个数27比较，如反序则交换，得到数据[38,49,65,76,13,27,97]。这样就完成了第一轮排序。将最大的数值97通过冒泡的方式传送到了最右边。

第二轮方法相同，从最左边的第一个数据开始比对到倒数第二个数。

第i轮方法相同，从最左边的第i个数据开始比对到n−i个数据结束（n是数据总个数）。

```
初始：    49 38 65 97 76 13 27
i=0 第一轮：38 49 65 97 76 13 27 j=0
            38 49 65 97 76 13 27 j=1
            38 49 65 97 76 13 27 j=2
            38 49 65 76 97 13 27 j=3
            38 49 65 76 13 97 27 j=4
            38 49 65 76 13 27 97 j=5

i=1 第二轮：38 49 65 13 27 76 97
i=2 第三轮：37 49 13 27 65 76 97
i=3 第四轮：37 13 27 49 65 76 97
i=4 第五轮：13 27 37 49 65 76 97
i=5 第六轮：13 27 37 49 65 76 97
```

图4-37 冒泡法的执行过程

2. 代码实现

【例4-8】运用冒泡法排序将[49,38,65,97,76,13,27]数据升序排序。

```python
def bubble_sort(lis):
    '''时间复杂度最低的冒泡排序'''
    n = len(lis)
    for i in range(n):
        print(f'第{i}次----->{lis}')
        exchange = False
```

```
            for j in range(n-i-1):
                if lis[j] > lis[j+1]:
                    lis[j],lis[j+1] = lis[j+1],lis[j]
                    exchange = True   #表示发生了交换
            if exchange == False:
                break
lis = [49,38,65,97,76,13,27]
print('排序前:',lis)
bubble_sort(lis)
print('排序后:',lis)
```

运行结果:

```
排序前:[49, 38, 65, 97, 76, 13, 27]
第 0 次-----＞[49, 38, 65, 97, 76, 13, 27]
第 1 次-----＞[38, 49, 65, 76, 13, 27, 97]
第 2 次-----＞[38, 49, 65, 13, 27, 76, 97]
第 3 次-----＞[38, 49, 13, 27, 65, 76, 97]
第 4 次-----＞[38, 13, 27, 49, 65, 76, 97]
第 5 次-----＞[13, 27, 38, 49, 65, 76, 97]
排序后:[13, 27, 38, 49, 65, 76, 97]
```

3. 性能分析

时间复杂度:最坏情况为 $O(n^2)$——数据逆序;最好情况为 $O(n)$——数据有序。

空间复杂度:$O(1)$。

稳定性:稳定。

4.2.5 快速排序

视频
快速排序

1. 基本思路

快速排序算法是冒泡排序的一种改进。快速排序算法通过多次比较和交换来实现排序,其排序流程如下:

(1) 首先设定一个分界值也叫基准值,通过该分界值将数组分成左右两部分。

(2) 将大于或等于分界值的数据集中到数组右边,小于分界值的数据集中到数组的左边。此时,左边部分中各元素都小于分界值,而右边部分中各元素都大于或等于分界值。

(3) 然后,左边和右边的数据可以独立排序。对于左侧的数组数据,又可以取一个分界值,将该部分数据分成左右两部分,同样在左边放置较小值,右边放置较大值。右侧的数组数据也可以做类似处理。

(4) 重复上述过程,可以看出,这是一个递归定义。通过递归将左侧部分排好序后,再递归排好右侧部分的顺序。当左、右两个部分各数据排序完成后,整个数组的排序也就完成了。如图 4-38 是快速排序的执行示例。

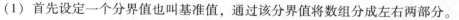

图 4-38 快速排序示例

2. 代码实现

【例 4-9】 运用快速排序将[1,9,2,8,3,6,4,5,7]数据升序排序。

```python
def partition(data,left,right):
    # left 是左边指针, right 是右边指针
    tmp = data[left]
    while left < right:
        while left < right and data[right] >= tmp:
            right -= 1
        data[left] = data[right]

        while left < right and data[left] <= tmp:
            left += 1
        data[right] = data[left]

    # 最后指针重合的位置就是 tmp 的最终位置, left/right 都行
    data[left] = tmp
    # 返回 left/right 的位置
    return left

def quick_sort(lis,left,right):
    if left < right:
        mid = partition(lis,left,right)
        quick_sort(lis,left,mid-1)    # mid 位置的左边递归
        quick_sort(lis,mid+1,right)   # mid 位置的右边递归

def quick_sort_s(lis):
    return quick_sort(lis,0,len(lis)-1)

lis = [1,9,2,8,3,6,4,5,7]
print('排序前:',lis)
# quick_sort(lis,0,8)
quick_sort_s(lis)
print('排序后:',lis)
```

运行结果:

```
排序前: [1, 9, 2, 8, 3, 6, 4, 5, 7]
排序后: [1, 2, 3, 4, 5, 6, 7, 8, 9]
```

3. 性能分析

时间复杂度：最好情况为 $O(n\log n)$；平均情况为 $O(n\log n)$。
最坏情况：$O(n^2)$。

空间复杂度：最好 = 平均 = $O(\log n)$；最坏 = $O(n)$。
稳定性：不稳定。

4.2.6 归并排序

归并排序

1. 基本思路

归并排序（MERGE-SORT）是建立在归并操作上的一种有效的排序算法，该算法是采用分治法（divide and conquer）的一个非常典型的应用。将已有序的子序列合并，得到完全有序的序列，即先使每个子序列有序，再使子序列段间有序。若将两个有序表合并成一个有序表，称为二路归并。如图 4-39 是归并排序基本思路。

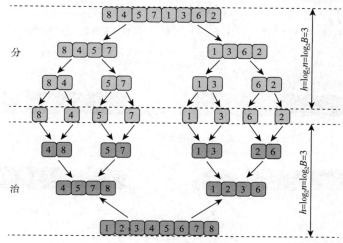

图 4-39 归并排序基本思路

可以看到这种结构很像一棵完全二叉树，本文的归并排序我们采用递归去实现（也可采用迭代的方式去实现）。分阶段可以理解为递归拆分子序列的过程，递归深度为 $\log_2 n$。

再来看看分治阶段，需要将两个已经有序的子序列合并成一个有序序列，比如图 4-39 中的最后一次合并，要将 [4，5，7，8] 和 [1，2，3，6] 两个已经有序的子序列，合并为最终序列 [1，2，3，4，5，6，7，8]，实现步骤如图 4-40 所示。

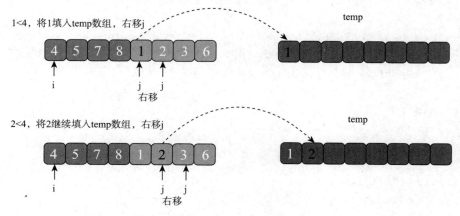

图 4-40 归并排序实现过程详解

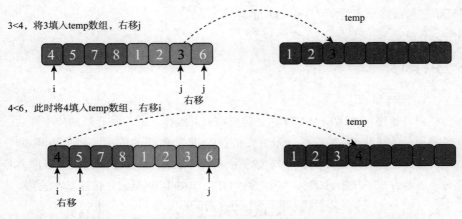

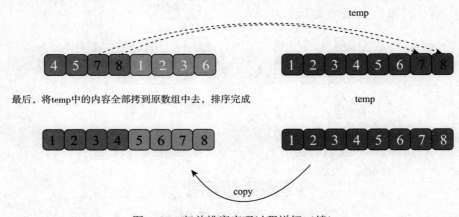

图 4-40 归并排序实现过程详解（续）

2. 代码实现

【例 4-10】运用分治算法将 [8, 4, 5, 7, 1, 3, 6, 2] 数据升序排序。

```python
def merge(left_lis, right_lis):
    l_loc = 0
    r_loc = 0
    result = []
    while l_loc < len(left_lis) and r_loc < len(right_lis):
        if left_lis[l_loc] < right_lis[r_loc]:
            result.append(left_lis[l_loc])
            l_loc += 1
        else:
            result.append(right_lis[r_loc])
            r_loc += 1

    result += left_lis[l_loc:]
    result += right_lis[r_loc:]
```

```
    return result


def merge_sort_s(lis):
    if len(lis) <=1:    # 递归结束条件
        return lis
    # 二分分解
    num = len(lis) // 2
    left_lis = merge_sort_s(lis[:num])
    right_lis = merge_sort_s(lis[num:])
    # 归并
    return merge(left_lis, right_lis)


lis = lis = [8, 4, 5, 7, 1, 3, 6, 2]
print('排序前:')
print(lis)
lis = merge_sort_s(lis)
print('排序后:')
print(lis)
```

运行结果:

```
排序前:
[8, 4, 5, 7, 1, 3, 6, 2]
排序后:
[1, 2, 3, 4, 5, 6, 7, 8]
```

3. 性能分析

时间复杂度:$O(n\log n)$。

空间复杂度:$O(n)$。

稳定性:稳定。

任务实现

1. 基本思路

此任务应当以插入排序算法来处理。每抓取一张新牌都在原有有序序列中通过比较大小寻找放入的位置。

2. 代码实现

```
def insert_sort(lis):
    n = len(lis)
    for i in range(1, n):    # 默认手上有第一张牌
        print(f'第{i}次----->{lis}')
```

```
            # 无序区(牌堆)拿到当前第一张牌(第 i 次抓第 i 张牌)
            tmp = lis[i]

            # 有序区(手上牌)最后一张牌的位置
            j = i - 1   # j 表示 i 的前一个元素
            while lis[j] > tmp and j >= 0:   # 判断前一个元素是否比当前元素(lis[i])大
                lis[j+1] = lis[j]   # j+1 等价于 i 的位置,即把索引为 j 的元素往后移一位
                j -= 1   # 往左边移一位
            lis[j+1] = tmp

lis = [3, 8, 9, 7, 5, 6,10,2,2,4,5,5]
print('排序前:', lis)
insert_sort(lis)
print('排序后:', lis)
```

3. 显示结果

```
排序前:[3, 8, 9, 7, 5, 6, 10, 2, 2, 4, 5, 5]
第 1 次-----> [3, 8, 9, 7, 5, 6, 10, 2, 2, 4, 5, 5]
第 2 次-----> [3, 8, 9, 7, 5, 6, 10, 2, 2, 4, 5, 5]
第 3 次-----> [3, 8, 9, 7, 5, 6, 10, 2, 2, 4, 5, 5]
第 4 次-----> [3, 7, 8, 9, 5, 6, 10, 2, 2, 4, 5, 5]
第 5 次-----> [3, 5, 7, 8, 9, 6, 10, 2, 2, 4, 5, 5]
第 6 次-----> [3, 5, 6, 7, 8, 9, 10, 2, 2, 4, 5, 5]
第 7 次-----> [3, 5, 6, 7, 8, 9, 10, 2, 2, 4, 5, 5]
第 8 次-----> [2, 3, 5, 6, 7, 8, 9, 10, 2, 4, 5, 5]
第 9 次-----> [2, 2, 3, 5, 6, 7, 8, 9, 10, 4, 5, 5]
第 10 次-----> [2, 2, 3, 4, 5, 6, 7, 8, 9, 10, 5, 5]
第 11 次-----> [2, 2, 3, 4, 5, 5, 6, 7, 8, 9, 10, 5]
排序后:[2, 2, 3, 4, 5, 5, 5, 6, 7, 8, 9, 10]
```

习题

1. (　　) 又称分类,就是将一组任意序列的数据元素按一定的规律进行排列,使之成为有序序列。

  A. 查找   B. 二叉树

  C. 图   D. 排序

2. 冒泡法排序属于 (　　)。

  A. 插入排序   B. 选择排序

  C. 交换排序   D. 归并排序

3. 快速排序法属于 (　　)。

  A. 插入排序   B. 选择排序

  C. 交换排序   D. 归并排序

4. 插入排序包括（　　）与直接插入排序。
   A. 希尔排序　　　　　　　　　　　B. 堆排序
   C. 冒泡法排序　　　　　　　　　　D. 快速排序法
5. 以下（　　）属于选择排序。
   A. 希尔排序　　　　　　　　　　　B. 堆排序
   C. 冒泡法排序　　　　　　　　　　D. 快速排序法

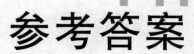

参考答案

项目一 数据结构与算法基础探究

1.1 ADBCB   1.2 ABACD

项目二 Python 数据结构探究

2.1 ACAAD   2.2 ACDBA

项目三 常用数据结构探究

3.1 BCADB   3.2 DBCCD   3.3 CBDBA

3.4 DCDBD DACAB

11. 算法如下:

```python
class BinaryTreeNode(object):
    def __init__(self):
        self.data = '#'
        self.LeftChild = None
        self.RightChild = None
class TreeState(object):
    def __init__(self,BinaryTreeNode,VisitedFlag):
        self.BinaryTreeNode = BinaryTreeNode
        self.VisitedFlag = VisitedFlag

class BinaryTree(object):
    def CreateBinaryTree(self, Root):
        data = input('->')
        if data == '#':
            Root = None
        else:
            Root.data = data
            Root.LeftChild = BinaryTreeNode()
            self.CreateBinaryTree(Root.LeftChild)
            Root.RightChild = BinaryTreeNode()
```

```python
            self.CreateBinaryTree(Root.RightChild)

    def PreOrder(self, Root):
        if Root is not None:
            self.VisitBinaryTreeNode(Root)
            self.PreOrder(Root.LeftChild)
            self.PreOrder(Root.RightChild)

    def InOrder(self, Root):
        if Root is not None:
            self.InOrder(Root.LeftChild)
            self.VisitBinaryTreeNode(Root)
            self.InOrder(Root.RightChild)

    def PostOrder(self, Root):
        if Root is not None:
            self.PostOrder(Root.LeftChild)
            self.PostOrder(Root.RightChild)
            self.VisitBinaryTreeNode(Root)

    def VisitBinaryTreeNode(self, BinaryTreeNode):
    #值为#的结点代表空结点
        if BinaryTreeNode.data ! = '#':
            print(BinaryTreeNode.data, end = "")

    def PrintOut(self,root):
        bTN = BinaryTreeNode()
        print('创建一棵二叉树 \n')
        print('  A')
        print(' / \\')
        print(' B E')
        print(' / / \\')
        print(' C D F')
        print('A B C # # # E D # # F # #')
        print('请仿照上述序列,输入某一二叉树中各结点的值( #表示空结点),每输入一个值按回车换行: ')
        root.CreateBinaryTree(bTN)
        print('对二叉树进行前序遍历:')
        root.PreOrder(bTN)
        print('\n 对二叉树进行中序遍历:')
        root.InOrder(bTN)
        print('\n 对二叉树进行后序遍历:')
        root.PostOrder(bTN)
```

```
if __name__ == '__main__':
    bT = BinaryTree()
    bT.PrintOut(bT)
```

3.5 BCDAA ADACD

11.

(1)
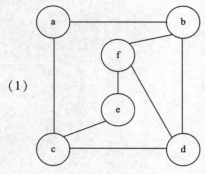

(2) 3

(3) abf

项目四 常用算法探究

4.1 ADDCB   4.2 DCCAB

参考文献

[1] 张光河. 数据结构：Python 语言描述[M]. 北京：人民邮电出版社，2018.
[2] 李粤平，王梅. 数据结构：Python 语言描述[M]. 北京：人民邮电出版社，2020.
[3] 许佳炜，张笑钦，潘思成. 数据结构：Python 版[M]. 北京：清华大学出版社，2022.
[4] 王震江. 数据结构：Python 语言描述[M]. 北京：清华大学出版社，2022.
[5] 严蔚敏，吴伟民. 数据结构[M]. 北京：清华大学出版社，2004.